U0606636

微生物絮凝剂在给水处理及市政污水强化挂膜中的应用

李立欣　马　放　张福贵◆著

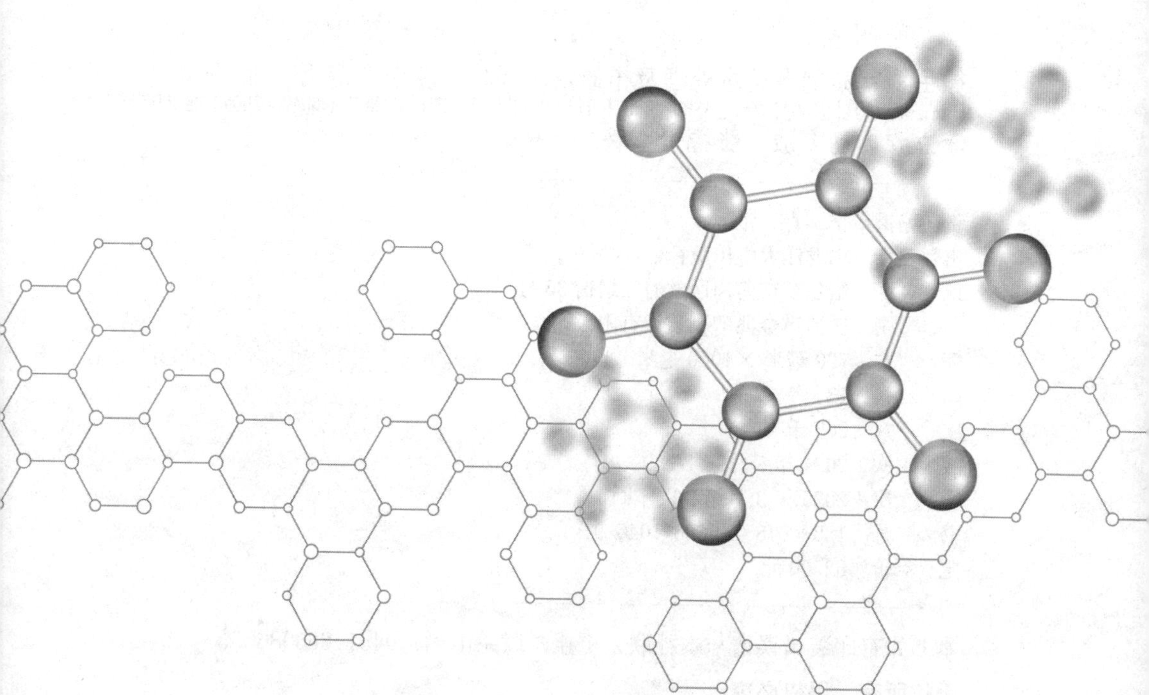

黑龍江大學出版社
HEILONGJIANG UNIVERSITY PRESS
哈尔滨

图书在版编目（CIP）数据

微生物絮凝剂在给水处理及市政污水强化挂膜中的应用 / 李立欣，马放，张福贵著. -- 哈尔滨 ： 黑龙江大学出版社，2024.8（2025.3 重印）
ISBN 978-7-5686-1046-9

Ⅰ. ①微… Ⅱ. ①李… ②马… ③张… Ⅲ. ①微生物－絮凝剂－应用－给水处理②微生物－絮凝剂－应用－城市污水处理 Ⅳ. ① TU991.2 ② X703

中国国家版本馆 CIP 数据核字 (2023) 第 188338 号

微生物絮凝剂在给水处理及市政污水强化挂膜中的应用
WEISHENGWU XU'NINGJI ZAI JISHUI CHULI JI SHIZHENG WUSHUI QIANGHUA GUAMO ZHONG DE YINGYONG
李立欣　马　放　张福贵　著

责任编辑　李　卉　张　焱
出版发行　黑龙江大学出版社
地　　址　哈尔滨市南岗区学府三道街 36 号
印　　刷　三河市金兆印刷装订有限公司
开　　本　720 毫米 ×1000 毫米　1/16
印　　张　13
字　　数　205 千
版　　次　2024 年 8 月第 1 版
印　　次　2025 年 3 月第 2 次印刷
书　　号　ISBN 978-7-5686-1046-9
定　　价　52.00 元

本书如有印装错误请与本社联系更换，联系电话：0451-86608666。

版权所有　侵权必究

前　言

水处理技术的核心是水处理材料，水处理技术的创新往往以新型水处理材料的研发为标志。絮凝剂作为一种良好的水处理材料，广泛应用于城镇用水及工业废水处理、发酵工程、制药工程、化工冶金以及选矿工程等领域，特别是城镇用水及工业废水处理中，絮凝（混凝）过程是关键环节之一。因此，研制高效、无毒、无二次污染的新型絮凝剂已成为目前环境科学与工程领域的热点问题之一。哈尔滨工业大学马放教授及其团队在20世纪90年代中期开展了生物絮凝剂的相关研究，取得了一系列具有自主知识产权及特色的研究成果，并达到了国际先进水平。笔者作为马放团队中的重要参与者，开展微生物絮凝剂研究及应用的科研工作已有10余年，并取得了一定成果。

本书旨在对微生物絮凝剂这一新型绿色净水剂在给水处理及市政污水载体挂膜方面的研究进行详尽、清晰的阐述，集中阐述微生物絮凝剂在给水处理、强化市政污水载体挂膜方面的应用实例，以微生物絮凝剂为核心，旨在利用其优良特性，开发出绿色经济的强化污（给）水处理新技术。全书共分为六章。第1章为绪论部分，介绍了絮凝剂的研究现状，微生物絮凝剂的特征及研究现状，北方地表水源水现状及强化絮凝处理技术研究进展，市政污水现状及强化处理技术研究进展，以及主要研究内容及微生物絮凝剂应用发展趋势。第2章到第5章主要为基于地表水源水絮凝沉淀工艺的微生物絮凝剂净水效能研究，把重心放在了CBF处理水源水效能、PAFC－CBF的制备及其防腐保质、PAFC－CBF絮凝特性及絮凝机理、基于絮凝沉淀工艺的CBF中试效能及群落结构解析等方面的研究。第6章为微生物絮凝剂掺杂聚乳酸（PLA）促进市政污水悬浮载体挂膜效能的研究，主要建立了一种有效的载体改性方法，通过低成本的改性方法使得改性后高密度聚乙烯（HDPE）载体具有适宜微生物快速黏附的能力，探寻悬浮载体在污水中快速挂膜的方法及 CBF 掺杂 PLA 强化机理，研究实际条件下生物膜形成过程，优化改性载体挂膜稳定运行工艺，提出载体挂膜评价方法，为改性载体的制备及在市政污水中的实际应用提供了一条可行途径。总之，本书系统地介绍了微生物絮凝剂的特性，并归纳总结了其在给水处理及市政污水处理等方面的应用，有助于增进读者对这类新兴材料的理解与认识。

本书由李立欣、马放及张福贵撰写，李立欣进行统稿，李立欣撰写第 1 章、第 2 章、第 4 章、第 5 章、第 6 章 6.1、6.2、6.3、6.4、6.5、6.6 等章节内容，马放撰写第 3 章内容，张福贵撰写第 6 章 6.7、6.8 章节内容。何征明、郭旭阳、刘婷婷等研究生提供了部分数据，并参与了文字校对和排版工作。本书得到了龙江环保集团股份有限公司总裁朴庸健等领导的关注和支持，在此一并表示感谢。

本书的撰写和出版得到了黑龙江省自然科学基金项目（LH2023E125）、黑龙江科技大学博士后科研启动基金项目（2023BSH03）、2023 年度黑龙江省省属本科高校基本科研业务费（2023 - KYYWF - 0544）以及黑龙江科技大学科技成果产业化培育项目的资助，在此深表谢忱！

在撰写过程中，笔者参考了大量的教材、专著以及国内外相关资料，在此对这些著作的作者表示感谢。

由于本书是首次探索性撰写，且著者水平有限，书中疏漏和不妥之处在所难免，敬请广大读者批评指正。

李立欣

2024 年 5 月

目　录

第 1 章　绪论

水是地球上不可或缺的重要资源之一，是世界万物赖以生存的基础。但是随着经济的快速发展，水资源危机不断加剧，水环境质量不断恶化，水资源短缺已经成为当今世界备受关注的环境问题之一。因此，治理污水、提高水的重复利用率，以及保护水资源迫在眉睫。特别是随着我国污水处理行业的高速发展，污水处理能力和处理效率的不断提高，剩余污泥产量也不断增多。污泥的高效处理和妥善处置成为目前的研究热点。

在水环境保护领域中，污水的处理方法有吸附法、化学氧化法、生物膜法、活性污泥法、絮凝沉淀法等，其中絮凝沉淀法是目前国内外普遍采用的经济简便的水处理方法。絮凝沉淀法采用絮凝技术并被广泛地应用于水污染控制、城镇用水及工业废水处理、食品发酵工艺、制药工程、化工冶金及矿选工程、污泥脱水等技术领域。絮凝技术的特点是基建投资少、处理时间短、处理效果较好，特别适合一些中小型企业的污水处理。

絮凝剂是指能够使水溶液中的溶解物、胶体或者悬浮物颗粒凝聚、絮凝成聚集体而除去的一类物质。随着科学技术的发展，絮凝剂逐渐由单一向多样转变，目前已经成为市场上消耗量最大的水处理剂。絮凝剂按照其化学成分总体上可分为无机絮凝剂、有机絮凝剂、生物絮凝剂和复合絮凝剂四大类（各类别之间有交叉）。其中无机絮凝剂又包括无机低分子絮凝剂、无机高分子絮凝剂和无机复合高分子絮凝剂；有机絮凝剂又包括人工合成有机高分子絮凝剂、天然未改性有机高分子絮凝剂和天然改性有机高分子絮凝剂。常用的絮凝剂的分类及典型代表物如表 1－1 所示。

表 1－1　常用絮凝剂分类及典型代表物

分类	类型	典型代表物
无机絮凝剂	无机低分子絮凝剂	明矾(KA),硫酸铝(AS),三氯化铁(FC),活化硅酸(ASi)
	无机高分子阳离子絮凝剂	聚合氯化铝(PAC),聚合氯化铁(PFC),聚合硫酸铝(PAS),聚合磷酸铝(PAP),聚合磷酸铁(PFP)
	无机高分子阴离子絮凝剂	聚合磷酸(PS),聚合硅酸(PSi)
	无机高分子阳离子复合絮凝剂	聚合氯化铝铁(PAFC)、聚合硫酸铝铁(PAFS),聚合磷氯化铁(PPFC),聚合硫酸氯化铝(PACS)
	无机高分子阴离子复合絮凝剂	聚合硅酸硫酸铁铝(PFASSi),聚合硅酸氯化铝(PACSi),聚合硅酸硫酸铝(PASSi),聚合硅酸氯化铁(PFCSi),聚合硅酸硫酸铁(PFSSi)
有机絮凝剂	天然改性有机高分子絮凝剂	淀粉衍生物,甲壳素衍生物,木质素衍生物
	天然未改性有机高分子絮凝剂	甲壳素,木质素,腐殖酸,动物胶
	人工合成有机高分子絮凝剂	聚丙烯酰胺(PAM),水解聚丙烯酰胺,聚氧乙烯,乙烯吡啶共聚物
生物絮凝剂	微生物絮凝剂	NOC－1,黄原胶
	复合型生物絮凝剂	HITM02
	其他生物质絮凝剂	甲壳素,木质素,腐殖酸,动物胶
	改性生物絮凝剂	淀粉衍生物,甲壳素衍生物,木质素衍生物

续表

分类	类型	典型代表物
复合絮凝剂	无机与无机复合高分子絮凝剂	同无机高分子阴离子和阳离子复合絮凝剂
	无机与有机复合高分子絮凝剂	聚硅酸铝锌(PSAZ)等
	微生物无机复合絮凝剂	微生物与硫酸铝复配

1.1　絮凝剂的研究现状

1.1.1　无机絮凝剂的研究现状

无机絮凝剂,也称无机混凝剂,是由无机组分组成的。在给水、废水处理中常用的有铝盐、铁盐和氯化钙等,如硫酸铝钾(明矾)、氯化铝、硫酸铁、氯化铁;还有无机高分子絮凝剂,如聚合氯化铝、聚合硫酸铝、活性硅土等。它们的工业制品有多种规格。

无机絮凝剂按金属盐种类可分为铝盐系和铁盐系两类;按阴离子成分又可分为盐酸系和硫酸系;按相对分子质量则可分为低分子系和高分子系。无机絮凝剂主要应用在造纸、印染、污水处理等方面,在水处理技术中占有较大市场份额。

(1)无机低分子絮凝剂。

无机低分子絮凝剂是一类低分子的无机盐,是最传统的絮凝剂,主要包括硫酸铝、明矾、硫酸铝铁、氯化铁、硫酸铁和硫酸亚铁水合物等。该类絮凝剂的絮凝作用机理为:无机盐在水中溶解并电离,形成阴离子和金属阳离子,由于胶体颗粒表面带有负电荷,在静电的作用下金属阳离子与胶体颗粒结合,中和胶体颗粒表面一部分负电荷而使胶体颗粒的扩散层被压缩,使胶体颗粒的 Zeta 电位降低，在范德瓦耳斯力的作用下形成松散的大胶体颗粒沉降下来。虽然无机低分子絮凝剂使用历史悠久，但其较低的相对分子质量导致在使用过程中投入量较大，产生的污泥量很大，絮体较松散，含水率很高，污泥脱水困难，20 世纪 60 年代后期开始逐渐被迅速发展起来的无机高分子絮凝剂所取代，退出历史舞台。

(2)无机高分子絮凝剂。

无机高分子絮凝剂是 20 世纪 60 年代后在传统的铁盐、铝盐等无机低分子絮凝剂基础上发展起来的一种新型水处理剂，主要包括聚合氯化铝、聚合氯化铁、聚合硫酸铝、聚合硫酸铁、聚合磷酸铝、聚合磷酸铁、活化硅酸和聚合硅酸等，其中聚合氯化铝和聚合硫酸铁较为常用。近年来，人们开始对无机高分子絮凝剂，尤其是聚合氯化铝的聚合形态及絮凝机理进行了大量的研究，发现其无论是在形态结构特征、絮凝机理，还是絮凝效能等诸多方面，都与传统铝盐絮凝剂存在本质上的区别。大量絮凝科学研究及应用实践表明，无机高分子絮凝剂的高效除浊功能就在于铝/铁盐水解后能够中和胶体微粒及悬浮物表面的电荷，降低 Zeta 电位，还能吸附胶体微粒，同时也能使胶体粒子之间发生互相吸引，通过黏附、架桥、交联及卷扫絮凝作用，伴随各种物理和化学变化，促使胶体凝聚形成絮凝沉淀，破坏胶团稳定性，促使胶体微粒碰撞，从而实现水中胶体的快速凝聚沉降。聚合物既有吸附脱稳作用，又可发挥黏附作用，因此无机高分子絮凝剂的絮凝效能是无机低分子絮凝剂的 2 ~ 3 倍。但与有机高分子絮凝剂相比，无机高分子絮凝剂存在着处理后残余离子浓度大、影响水质、二次污染等问题。

(3)无机复合高分子絮凝剂。

随着我国水污染程度的加剧和水治理力度的加大，为了进一步提高污染物去除效能，无机复合高分子絮凝剂的研制曾一度成为 20 世纪 90 年代国内研究的热点，我国相继研制开发了各种无机复合高分子絮凝剂，如氧化型聚合(氯化)硫酸铁、聚硅酸铝(铁)、聚磷酸铝(铁)等。无论哪种复合絮凝剂，都基本是在聚合氯化铝、聚合硫酸铁等无机高分子絮凝剂的基础上进行改性复合得到的。改性复合的根本目的是引入高电荷离子以提高电中和能力和吸附凝聚能力,或引入羟基、磷酸根等以增强配位架桥能力,从而起到协同絮凝增效作用,提高净化处理效能。因此,除高效絮凝性能外,兼有杀菌、脱色、缓蚀等多种功能的无机复合高分子絮凝剂将是今后重要的研究发展方向。

1.1.2 有机絮凝剂的研究现状

目前使用较多的有机絮凝剂主要是人工合成有机高分子絮凝剂,但是该类絮凝剂也存在一些缺点,如溶解费时费力、设备庞大等。有机絮凝剂是20世纪60年代开始使用的第二代絮凝剂,近年来已经得到飞速发展。有机絮凝剂由于分子上的链节与水中胶体微粒有极强的吸附作用、较强的絮凝架桥能力,因此絮凝效果优异。即使是阴离子型聚合物,对负电胶体也有较强的吸附作用。有机絮凝剂分子可带—COO—、—NH—、—SO_3、—OH等亲水基团,并具有链状、环状等多种结构,有利于污染物进入絮体,脱色性能好。与无机高分子絮凝剂相比,有机絮凝剂具有用量少,絮凝速度快,受共存盐类、污水、pH值及温度影响小,生成污泥量少等独特的优点。在发达国家中,有机絮凝剂已得到飞速发展,从工业废水处理的应用发展到生活饮用水处理的应用。有机絮凝剂可分为天然未改性有机高分子絮凝剂、天然改性有机高分子絮凝剂和人工合成有机高分子絮凝剂三大类。

(1)天然未改性有机高分子絮凝剂。

天然未改性有机高分子絮凝剂主要包括甲壳素、木质素、腐殖酸、动物胶等。由于天然有机高分子絮凝剂相对分子质量较低,电荷密度较小,易受酶的作用而降解,稳定性差,储存期短,多为阴离子型,絮凝效能低,因此越来越多的天然未改性有机高分子絮凝剂被不断降低成本的人工合成有机高分子絮凝剂所取代。

(2)天然改性有机高分子絮凝剂。

天然改性有机高分子絮凝剂通常是用一些天然有机物经过改性而制成的,其活性基团大大增加,聚合物呈支化结构,分散了絮凝基团,对悬浮体系中颗粒物有更强的捕捉与促沉作用。可以用于改性的原料有淀粉、木质素、甲壳素、纤维素、含胶植物、多糖和蛋白质等的衍生物,目前产量约占高分子絮凝剂总量的20%。根据原料来源不同,天然改性有机高分子絮凝剂分为淀粉衍生物絮凝剂、纤维素衍生物絮凝剂和甲壳素衍生物絮凝剂等。改性后的天然高分子絮凝剂与合成的有机高分子絮凝剂相比，具有原料来源广泛、价格低廉、无毒、无二次污染、易于生物降解、相对分子质量分布广等特点，并且对废水具有很好的处理效果，因此，受到了国内外众多研究工作者的重视和关注。

(3)人工合成有机高分子絮凝剂。

人工合成的有机高分子絮凝剂始于20世纪50年代，主要包括聚丙烯酰胺(PAM)及其衍生物、聚乙烯亚胺、聚乙烯嘧啶、聚丙烯酸钠等。人工合成有机高分子絮凝剂的相对分子质量从几十万到几千万不等，有线性或环状等多种分子链结构并携带数量不等的—COO—、—NH—、—SO_3、—OH 等活性官能基团。依据其分子链所含有的不同活性官能团离解带电情况又分为阳离子型、阴离子型、非离子型三大类。

在人工合成有机高分子絮凝剂中，研究主要集中在聚丙烯酰胺接枝共聚物、烷基烯丙基卤化铵、聚环氧氯丙烷胺化物三大类上，并取得了显著进展。其中聚内烯酰胺相对分子质量高，多为150万~800万，絮凝架桥能力强，对悬浮于水介质中的粒子产生吸附，使粒子之间产生交联，从而使其絮凝沉降。该系列有机高分子絮凝剂具有用量小、污泥量少、絮体易分离、除油及脱水性能好等优点，充分显示出在给水处理中的优越性，对给水处理中的高浊水、低浊水和废水处理等都有显著的效果，广泛应用于饮用水、工业用水和工业废水的处理，成为目前较重要和使用较多的一种高分子絮凝剂。

1.1.3 生物絮凝剂的研究现状

传统的絮凝剂多为化学合成物，会对水环境造成二次污染。为了降低环境风险，生物絮凝剂作为一种环境友好型絮凝剂逐渐受到关注。天然高分子絮凝剂与微生物絮凝剂均可以称为生物絮凝剂。天然高分子絮凝剂是从天然的生物组分中提取精炼而成的，如从藻类中提取出的藻酸盐，以及破解细胞提取出的胞内物质。微生物絮凝剂的主要成分是在一定环境条件下，从微生物体内提取出的胞外聚合物(EPS)。从微生物中提取出的胞外聚合物具有天然的黏合性和吸附性，且此类微生物细胞内的有机大分子物质与絮凝剂成分结构相似，因此利用提取出的胞内大分子物质和胞外聚合物制备的天然絮凝剂有助于对废水中的悬浮物进行絮凝。

与传统的铝盐、铁盐絮凝剂相比，生物絮凝剂具有安全无毒、易于降解、高效且无二次污染的优点，在多种水体的处理中均可使用，有着广阔的应用前景。在对污水及工业废水中悬浮颗粒的处理中，相同的用量下，生物絮凝剂相对于铝盐、铁盐无机絮凝剂和聚丙烯酰胺等人工合成有机高分子絮凝剂处理效率要高。糖蛋白、多糖、纤维素、DNA 等由生物分子产生的絮凝物质，可进行自我降解，因而在使用之后不会带来二次污染。

生物絮凝剂的本质是微生物或其分泌的代谢产物，其主要来源有三个：第一，来源于微生物细胞，如某些细菌、霉菌、放线菌和酵母菌；第二，来源于微生物细胞提取物，如酵母菌细胞壁中提取出来的葡聚糖、甘露聚糖、蛋白质和 N－乙酰葡萄糖胺等成分；第三，来源于微生物细胞分泌到细胞外的代谢产物，主要是细菌的荚膜和黏液质，除此之外，还有多糖和少量的多肽、蛋白质、脂类及其复合物。除了单纯的多糖类生物絮凝剂，例如纤维素等非离子型生物絮凝剂不带电荷之外，像蛋白聚糖、肽聚糖、糖蛋白等絮凝剂一般均为两性型，原因是这类物质分子中既有阴离子基团，又有阳离子基团。两性型生物絮凝剂分子在酸性条件下能形成带正电荷的离子，在碱性条件下能形成带负电荷的离子，而由于分子中的氨基和羧基带的正负电荷的数目并不完全相等，所以分子所产生的正负离子数也不相等。

生物絮凝剂的制备涉及发酵、代谢、分类、提取等多个处理环节。最早的絮凝剂产生菌是 1935 年由 Butter-fild 从活性污泥中筛选出来的，此类微生物的分泌物具有絮凝能力。易诚等人利用碱法对污泥进行破解，得到了活性污泥生物絮凝剂。研究表明，在对质量浓度为 11.0 g/L 的污泥进行絮凝时，向污泥中投加该生物絮凝剂 50 mL，并以 50 r/min 的速度搅拌 10 min 时絮凝效果最佳，在此条件下对浊度的去除率可以达到 66.71%。张志强等人利用超声法对污泥细胞壁进行破解，取其上清液为絮凝剂试样。研究表明，当污泥质量浓度为 3.32 g/L 时，该生物絮凝剂具有良好的絮凝效果，此时其对污泥的絮凝率最大，可达到 52.46%。彭蓝艳在培养絮凝剂产生菌的过程中偶然使用热处理法制得了污泥絮凝剂，发现该污泥絮凝剂有着良好的絮凝效果，絮凝率高达 99.00%，并将该污泥生物絮凝剂与絮凝剂 PAC 混合处理染料废水。研究表明,这种混合絮凝剂对染料废水的色度具有一定的去除效果,脱色率可达到 95.00%,并且 COD 去除率可达 96.50%。毕与轩等人采用碱热法对肉制品加工厂的剩余污泥进行处理,通过破解污泥细胞壁的方式释放出胞内的物质,制备出了以污泥为原料的生物絮凝剂,对刚果红模拟的染料废水、高岭土悬浮液和苯酚－高岭土模拟的焦化废水进行了絮凝实验。研究表明,该生物絮凝剂对废水的处理效果良好,对高岭土悬浮液的絮凝率为 98.39%,对刚果红模拟的染料废水的絮凝率为 90.48%,对苯酚－高岭土模拟的焦化废水的 COD 去除率为 9.80%。李春玲等人利用超声与碱耦合技术制备了污泥絮凝剂,并考察其活性。研究表明,该污泥絮凝剂在水温为 20 ℃、pH 值为 8、絮凝剂投加量为 4 mL 的条件下,分两段搅拌,两段搅拌速度与搅拌时长分别为 160 r/min、40 s 和 40 r/min、280 s,此时,该絮凝剂絮凝活性高达 98.8%。

根据目前情况来看,利用廉价底物制备微生物絮凝剂成了制备生物絮凝剂的一个主流方向,但到目前为止该项技术仍局限于实验室,并没有在实际工程中利用大量的廉价底物来制备微生物絮凝剂。同时,微生物絮凝剂的制备工艺也不够成熟,导致其应用发展较为缓慢。

1.1.4 絮凝剂的复配与复合

在絮凝实验中,将两种或两种以上絮凝剂按照一定顺序依次投加絮凝称为絮凝剂的复配;将两种或两种以上絮凝剂通过物理、化学等方法提前混合,形成单一产品后投加絮凝称为絮凝剂的复合。

(1)絮凝剂复配的方式。

絮凝剂的复配是絮凝过程中常见的絮凝剂使用方法,具体原理为:先向水中投加一种絮凝剂,电离后产生阳离子,并与颗粒物表面的负电荷进行电中和凝聚,降低颗粒物表面 Zeta 电位,使颗粒脱稳形成小絮体,并开始逐渐聚集变大;再投加另外一种絮凝剂,目的是实现絮凝,即通过长链高分子物质促进微小絮体间的吸附架桥作用,有利于抵御外部剪切力对絮体相互黏合的阻碍,从而使颗粒物进一步聚集变大。絮凝剂复配的方式包括:无机絮凝剂与无机絮凝剂的复配、无机絮凝剂与有机絮凝剂的复配、无机絮凝剂与生物絮凝剂的复配、有机絮凝剂与有机絮凝剂的复配、有机絮凝剂与生物絮凝剂的复配。

(2)复合絮凝剂的复合方式。

絮凝剂的复合方式与复配方式类似,可分为:无机絮凝剂与无机絮凝剂的复合、无机絮凝剂与生物絮凝剂的复合、无机絮凝剂与有机絮凝剂的复合、有机絮凝剂与有机絮凝剂的复合、有机絮凝剂与生物絮凝剂的复合等。

①无机-无机复合絮凝剂。

将铝盐、铁盐等通过一定物理、化学方法处理,形成羟基化且聚合度更高的复杂形态,称为无机-无机复合絮凝剂。聚合氯化铝铁拥有聚合铁盐分子量大、聚合铝盐盐基度高以及沉降速度快等优点,而且原料来源广泛,主要为工业废弃物,成本十分低廉,同时可有效减少环境污染。

②无机-有机复合絮凝剂。

将无机絮凝剂和有机絮凝剂复合使用,如通过一些物理、化学方法将无机絮凝剂和有机絮凝剂进行组合形成的新的絮凝剂,或者在有机絮凝剂中加入一种或者几种金属离子而形成的聚合物,这些均被称为无机-有机复合絮凝剂。该絮凝剂结合了无机絮凝剂和有机絮凝剂的特点,既具有无机絮凝剂的压缩双电层作用,又具有有机絮凝剂的吸附架桥作用,即同时拥有良好的吸附电中和以及吸附架桥能力。在水处理中,无机-有机复合絮凝剂具备用量少、絮凝效率高的优势。Liu 等人以 PAM 和 $Al(OH)_3$ 为原料,制备出了一种无机-有机复合絮凝剂,在处理氰化尾矿悬浮液中取得了不错的效果。Kadooka 等人以聚甲基丙烯酸甲酯和 $Al_2(SO_4)_3$ 为原料,制备出了一种无机-有机复合絮凝剂,在处理污泥中取得了良好的效果。近年来,研究者的研究主要集中在 PAM 与无机盐的合成上,制备出了各种复合絮凝剂。

③有机-有机复合絮凝剂。

有机-有机复合絮凝剂利用两种或者两种以上有机絮凝剂进行协同作用,从而增强其对水中污染物的处理效果。Wu 等人将天然淀粉絮凝剂和其他絮凝剂组合制成名为 STC-g-PDMC 的复合絮凝剂。研究表明,这种絮凝剂比其他常用絮凝剂絮凝效果更为出色,综合性能更为突出。Yang 等人制备了名为 BPC-g-PAM 的复合絮凝剂,并将其应用于染料废水处理中。结果显示,这种絮凝剂对染料废水的平均脱色率达到96.7%。

④微生物复合絮凝剂。

微生物与其他各种物质通过一定的物理、化学方法组合而成的新的絮凝材料被称为微生物复合絮凝剂。其具有絮凝效果好、适用范围广和二次污染小等优点。刘若瀚利用霉菌培育生产出微生物复合絮凝剂,利用其对印染废水进行处理,结果显示脱色率超过90%,脱色效果极佳。笔者团队以生物絮凝剂和PAFC为原料制备了PAFC-CBF,其对浊度的去除率可达到92.78%。宋淑敏等人制备了微生物复合絮凝剂,用于去除饮用水中的氟,在最佳条件下,水中氟的剩余浓度低于《生活饮用水卫生标准》(GB 5749—2022)规定的限值,除氟效果良好。

1.2 微生物絮凝剂的特征及研究现状

1.2.1 微生物絮凝剂的发展历程

微生物絮凝剂是由微生物在生命活动过程中分泌的具有絮凝活性的一类高分子聚合物,主要成分为糖蛋白、多糖、蛋白质等,由于其含有丰富的羟基、氨基和羧基等官能团,因而具有可生物降解、絮凝效率高、无二次污染等优点。微生物絮凝剂在水处理方面的巨大潜力已引起人们的广泛关注,同时微生物絮凝剂的研究也是当今世界絮凝剂研发的重要方向之一。

微生物的絮凝现象最早出现于酿造工业中。1876年,Louis Pasteur发现了发酵后期的酵母菌(*Levure casseeuse*)具有絮凝能力。1879年,Bordet在细菌培养中也观察到从血液中分离出的抗体可以凝集细菌细胞。1935年,Butter-field从活性污泥中筛选得到了絮凝剂产生菌,这是在水处理和环境保护领域中,最早发现的具有分泌絮凝剂能力的微生物。20世纪50年代,有学者发现了能产生絮凝作用的细菌培养液。70年代时,有学者在对活性污泥菌胶团的详细研究中发现,约占污泥量2%的微生物胶团杆菌(*Zoogloea ramigera*)有着良好的絮凝活性,其在生长过程中能产生聚合纤维素纤丝,且存在荚膜。同一时期,在研究酞酸酯生物降解的过程中,有学者发现了具有絮凝作用的微生物培养液。从此,人们展开了对微生物絮凝剂及其产生菌的研究。直到1976年,Nakamura等人的工作才真正掀起了微生物絮凝剂研究的热潮。他们从分离和纯化的214种菌株中,筛选出了19种具有絮凝能力的微生物,包括霉菌8种、酵母菌1种、细菌5种、放线菌5种,并证实了活性污泥具有很好的沉降性能与这些絮凝性微生物分泌的胞外物有直接关系。1985年,Takagi等人研究出了PF101生物絮凝剂,相对分子质量约为30万,主要成分是半乳糖胺。它对枯草杆菌、大肠杆菌、啤酒酵母菌等均有良好的絮凝效果。1986年,Kurane等人利用从自然界分离出的红平红球菌(*Rhodococcus erythropolis*) S-1,制成蛋白质类絮凝剂NOC-1。NOC-1具有强而广泛的絮凝活性,且应用范围广,生产成本相对较低,是目前发现的絮凝效果最好的微生物絮凝剂。1997年,Suh等人首次发现杆状细菌也能产生絮凝剂,并由此分离出DP-152絮凝剂。1999年,Watanabe等人发现海洋光合细菌*Rhodovulum* sp. PS88的胞外聚合物具有絮凝性能。2001年,Shih等人再次发现了一株杆状细菌CCRC 12826可产生微生物絮凝剂,并指出该絮凝剂的相对分子质量超过2×10^6,最适环境的pH为中性。2003年,Deng等人从土壤中分离出一株黏质杆状细菌,研究了该菌产生的MBFA9微生物絮凝剂的组成特性,把它用于处理淀粉废水可使悬浮固体(SS)和COD去除率分别达到85.5%和68.5%。

我国对微生物絮凝剂的研究和应用近几年取得了飞跃性的进展。张平等人从活性污泥中分离、纯化、筛选出的絮凝剂产生菌,经鉴定为大肠杆菌(*Escherichia coli*),这是首次确认大肠杆菌属为絮凝剂产生菌。邓德丰等人从污水处理厂的废水中分离出来的细菌菌株C-62能够产生微生物絮凝剂,该絮凝剂对猪粪尿废水和红豆加工厂废水具有良好的絮凝作用。张本兰等人从活性污泥中筛选出的菌株,在处理造纸黑液、含氯霉素等的有机废水时,脱色效果很好。2002年,何宁等人从土壤中分离出一株诺卡氏菌CCTCC M201005,并从中提取到一种微生物絮凝剂REA-11,REA-11是一种以半乳糖醛酸为主要结构单元的酸性蛋白聚糖。祝瑄等人以解淀粉芽孢杆菌ZWG为产絮凝剂菌株提取微生物絮凝剂MBF-Y,研究培养基碳源、氮源、pH值、接种量以及培养时间对MBF-Y产生的影响。研究表明,当蔗糖为碳源、硝酸钠为氮源、pH值为5、接种量为5%以及培养时间为24 h时,该微生物产絮凝剂条件最佳,絮凝效率最高。

裴润全等人对某铅锌矿污染土壤中的细菌进行分离和筛选,初步试验及菌种鉴定结果表明,3 株菌株分别为假单胞菌属、芽孢杆菌属和蜡样芽孢杆菌属,分别命名为 *Pseudomonas* sp. PR1、*Bacillus* sp. PR3 和 *Bacillus cereus* PR5。以产絮菌 *Pseudomonas* sp. PR1、*Bacillus* sp. PR3 和 *Bacillus cereus* PR5 作为研究对象制备微生物絮凝剂,并优化其发酵培养基营养条件,研究其对铅和锌的絮凝机制。研究表明,3 株菌株对铅的絮凝率分别为 97.88%、99.06% 和 98.39%,对锌的絮凝率分别为 45.99%、74.08% 和 73.21%。

马放等人分离筛选出絮凝效果明显的微生物絮凝剂产生菌 12 株,得到高效微生物絮凝剂产生菌 F2 土壤根瘤杆菌、F6 球形芽孢杆菌等,构建出高效复合型微生物絮凝剂产生菌群,并率先提出了“复合型生物絮凝剂”的概念,同时发明了复合型微生物絮凝剂的两段式发酵方法,成功地开发出复合型微生物絮凝剂 HITM02。复合型微生物絮凝剂与化学絮凝剂联合作用的絮凝效果要比单独使用其中一种絮凝剂的效果更显著,并且复合型微生物絮凝剂的使用量减少了 60% ~75%,化学絮凝剂的用量也大大减少。复合型微生物絮凝剂与化学絮凝剂协同作用,对不同的水质的脱色、除浊和去除有机物的能力也很好。通过对复合型微生物絮凝剂絮凝形态的系统分析,证明其絮凝作用方式有吸附、中和及化学键合,同时发现 Ca^{2+} 在复合型微生物絮凝剂的絮凝过程中发挥着不可忽视的作用,并且率先将絮凝形态学中的分形理论应用于微生物絮凝剂动态絮凝过程检测研究中。

1.2.2 微生物絮凝剂的絮凝机理

絮凝过程是一个复杂的物理化学过程,其絮凝特性和机理随絮凝剂和被絮凝颗粒性质的变化而变化。由于絮凝剂和胶体颗粒间作用的复杂性,即便对于絮凝剂和被絮凝颗粒性质确定的体系,其絮凝模式也难以单纯地用某一性状或参数来考察。任何絮凝体系的絮凝机理的探讨都需要遵循宏观观测和微观观察相结合、直接测定和间接推导相印证的原则。在确定的絮凝剂和悬浮颗粒体系中,絮凝剂的投加量和溶液的 pH 值等都能够影响到絮凝机理,具体以哪种机理为主,需要视具体情况而定。很多时候,起作用的不是单一机理,而是几种机理交叉作用,但是会以一种或几种机理为主。一般认为在由无机絮凝剂引起的絮凝中以吸附电中和作用为主要作用机理；在由阳离子型高分子絮凝剂引起的絮凝中吸附电中和和吸附架桥作用均为主要作用机理；在由阴离子型高分子絮凝剂引起的絮凝中吸附架桥作用为主要作用机理。吸附电中和作用强调的是凝聚，而吸附架桥作用强调的是絮凝，在实际过程中这两个作用是相互联系、不可分割的。微生物絮凝剂是生物大分子物质，有效絮凝成分主要包括多糖、蛋白质、多肽、DNA 和脂类等生物大分子，赋予其絮凝活性的是微生物絮凝剂结构中含有的活性基团如氨基、羟基、羧基等，同时由于微生物絮凝剂大都具有较高的分子量，可以发挥架桥絮凝作用，这与有机高分子絮凝剂的絮凝相似。因此，传统的絮凝机理都可用于微生物絮凝剂絮凝机理的研究。

微生物絮凝剂的链骨架上通常有许多活性官能团，它们能够通过一些高度特异的力与污染物上相应的官能团发生化学反应或结合，如疏水链与疏水污染物之间的疏水相互作用、重金属和絮凝剂官能团的配位及螯合作用、芳香环基微生物絮凝剂和芳香族污染物的 $\pi-\pi$ 叠加作用。

以上情况可以很好地解释部分微生物絮凝剂的絮凝现象及原理，但是它们的适用范围均非常有限，因此对绝大部分微生物絮凝剂的絮凝现象无法给出合理的解释。

1.2.3 微生物絮凝剂的应用研究

随着对微生物絮凝剂的深入研究，微生物絮凝剂的应用越来越广，已在印染废水脱色、含油废水处理、食品工业废水处理、污泥脱水处理和重金属废水处理等诸多领域推广应用。

(1)印染废水脱色。

印染废水是我国工业系统中重点污染源之一。印染废水具有水质变化大、色度高、含有大量难降解表面活性剂等特点，是目前较难处理的工业废水。中国作为最大的纺织品生产国和出口国，产生了大量的印染废水，此类废水必须经过分解和净化才能排放，否则会造成严重的环境污染问题，影响人们的健康。微生物絮凝剂具有脱色效果良好、减少废水中的固形物等优点。Wang 等人研究发现，通过微生物絮凝剂与丙烯酰氧乙基三甲基氯化铵(DAC)和丙烯酰胺(AM)发生接枝共聚反应，将氨基、铵基和酰氧基引入絮凝剂的分子链中，使该复合絮凝剂具有较高的稳定性和溶解性以及较大的表面积，在絮凝过程中能够同时起物理吸附和化学吸附作用，极大提高了对印染废水的絮凝处理性能。Solis等人在研究中发现嗜热脂肪芽孢杆菌、假黄单胞菌等菌种在有氧系统中对偶氮染料的脱色率超过 89.00%；在微需氧和需氧条件下，对多种色度染料的脱色率均超过 97.00%。Buthelezi 等人从污水处理厂分离出一种微生物絮凝剂产生菌，该细菌生产的微生物絮凝剂在温度为 35 ℃、pH 值为 7 的条件下对鲸鱼蓝和地中海蓝等染料的去除率高达 97.04%。Gao 等人报道了分离出的一株微生物絮凝剂产生菌 ZHT4－13 产生的絮凝剂 MBF4－13，其对蓝色和紫色染料具有较强的脱色能力，对亚甲基蓝、结晶紫和孔雀石绿的去除率分别为 86.11%、97.84% 和 99.49%，而对红色、粉红色和橙色染料的脱色能力较弱。

(2)含油废水处理。

含油废水是指在工业生产过程中排放的含有天然石油及其制品、焦油及其分馏物和脂肪等物质的废水。石油化工、油田开采、机械制造等行业都会产生含油废水，这类废水成分复杂，来源广泛，难以降解，其中石油和焦油对水体的污染较大。微生物絮凝剂在含油废水处理中经常被用于一级处理，用以除去在废水中通过自然沉淀法难以去除的微小悬浮粒子、乳化原油、胶体微粒等物质。高艺文等人从油田采出水中分离筛选出芽孢杆菌 GL－6，该絮凝剂产生菌在最佳发酵条件下所产微生物絮凝剂对含油废水中浊度的去除率高达 92.4%，对石油类的废水的去除率达到 62.1%。实验证实，相同浓度的絮凝剂对含油污水的絮凝处理中，微生物絮凝剂的絮凝效果要优于传统的化学絮凝剂的絮凝效果。

在工程应用中，为了提高油水分离效率和悬浮物质的去除效果，同时减轻后续工艺处理的负荷，将浮选和混凝作为预处理工艺。该方法成本低，操作简单且效果明显，不会涉及膜分离方法带来的膜污染问题，是一种有前景的经济环保处理方法。Zhao 等人分析了电混凝、混凝－膜过滤、混凝/絮凝－浮选等混凝/絮凝组合工艺在含油废水处理中的应用，在含油污染物的处理等应用中，仍保留了将混凝/絮凝技术与吸附、曝气等传统生物处理法相结合的工艺。

(3)食品工业废水处理。

食品工业废水包括制糖废水、酿造废水、肉类及乳制品加工废水等，这些废水中所含的有机物含量较高，同时好氧性较强，悬浮物含量较多。若采用有机絮凝剂或无机絮凝剂处理，絮凝效果不理想；采用微生物絮凝剂，食品加工厂废水中的 COD、SS 和浊度均能有效去除。杨琳等人利用 EH－5 产生的絮凝剂处理乳品废水和啤酒废水，COD 去除率分别达到 74.79% 和 64.15%，浊度去除率分别为 93.78% 和 95.51%，色度去除率分别为 75.00% 和 69.57%。宋清生等人利用活性炭吸附固定微生物絮凝剂对淀粉废水进行处理，最佳絮凝条件是温度 40 ℃和 pH 值 9，此时淀粉废水的浊度去除率高达 97.70% 以上。Qiao 等人获得了微生物絮凝剂 MBF2－1，MBF2－1 可以去除大豆炼油废水中 55.00% 的 COD 和 53.00% 的油含量，因此 MBF2－1 在大豆炼油厂废水处理中具有潜在的应用价值。

通过单因素优化和响应面分析法发现，从煤炭工业废水中筛选出的絮凝剂产生菌用豆腐废水培育出的菌株，在处理煤炭工业废水过程中絮凝率可达到 98.08%，色度去除率达到 97.25%。将微生物絮凝剂与聚丙烯酰胺复配之后处理蔗糖混合废液，澄清效果要明显优于单独使用聚丙烯酰胺的效果。此外，微生物絮凝剂还广泛应用于发酵产品的固液分离、发酵液中培养基残余菌体的去除等领域。Fu 等人研究发现，鱼加工副产品中的鱼精蛋白是一种聚合物阳离子肽，可以作为絮凝剂处理微藻细胞，在鱼精蛋白质量浓度为 20 mg/L 时，鱼精蛋白对微藻细胞表面负电荷有静电亲和性，絮凝率达到 85.00%，可用于水产养殖业微藻细胞的捕获。

(4)污泥脱水处理。

污泥中含有较多的细小颗粒及灰分，这些颗粒在水溶液中呈分散状态，形成胶体。用化学絮凝法进行污泥脱水，成本高且后续处理难度大。在活性污泥中加入微生物絮凝剂，其容积指数会很快下降，消除污泥沉降状态，从而恢复活性污泥沉降能力。Yang 等人从活性污泥中分离出一种絮凝剂产生菌 N－10，将该菌产生的絮凝剂与硫酸铝复配，提高了吸附电中和和架桥作用，同时也提高了污泥脱水性能，使污泥干固体量从 13.1% 增加至 21.3%。李会东等人研究了过氧化钙与微生物絮凝剂复配对污泥脱水性能的改善，通过改变初始 pH 值、絮凝剂投加量以及投加顺序的方法，发现先投加过氧化钙时污泥层结构在氧化作用下发生分解破碎，形成不规则的小絮体，复配处理后的污泥粒径减小，Zeta电位降低，从而使污泥降解处理得更加彻底。

(5)重金属废水处理。

电镀、冶矿、化工等工业每年都会产生大量的含有重金属的废水，这类废水会对自然生态系统造成污染，并且威胁人类的健康。化学沉淀法是目前应用最为广泛的重金属废水处理方法，该方法通过加入化学絮凝剂，使化学絮凝剂与污染物发生化学反应，并通过沉降过滤或离心使重金属与水体实现分离。但加入大量的化学药剂不仅成本较高，还会造成严重的二次污染问题，因而具有一定的局限性。相反，微生物絮凝剂在处理重金属离子方面有独特的优势。细菌菌体表面上存在许多带有负电荷的活性官能团（如氨基、羟基、羧基等），它们和带有正电荷的金属离子更易结合，从而将其从废水中去除。Huang 等人从土壤中分离出多黏菌产生的微生物絮凝剂 MBFGA1，在弱酸环境下对重金属废水中铅的去除率高达98.00%，当 MBFGA1 质量浓度为 45.54 mg/L，慢搅拌时间为 95 min 时，絮凝剂的生物吸附与生物絮凝协同作用共同促进了对重金属离子的去除作用。Feng 等人在研究中使用微生物絮凝剂 GA1（MBFGA1）去除含铅废水中的 Pb（Ⅱ），当 MBFGA1 分两段投加时，Pb（Ⅱ）的去除率最高可达99.85%。Nouha 等人从污泥中分离出一种利用自身合成的 EPS 来处理重金属废水的梭状芽孢杆菌，该絮凝剂 120 min 内对镍、铁、锌、铝、铜的去除率分别可达 85.00%、71.00%、65.00%、73.00%、36.00%。周焱等人利用微生物絮凝剂 MBFGA1 处理含金属镍的污水，实验结果表明，去除率高达 99.21%。陈婷利用微生物絮凝剂吸附废水中的重金属离子，研究发现，在最优的吸附条件下，微生物絮凝剂对 Ni^{2+}、Pb^{2+} 与 Cd^{2+} 的最大去除率分别为84.55%、99.15%与94.44%。

目前，已经研究了许多对重金属元素有絮凝沉淀作用的菌种，包括克雷伯氏菌、地衣芽孢杆菌、曲霉菌等。微生物絮凝剂的重金属吸附机制的动力学特征取决于金属元素的初始浓度、pH 值、温度、絮凝剂的用量等因素。

(6)畜禽养殖废水处理。

家禽、家畜养殖业废水中的氨氮、生化需氧量（BOD）和固体悬浮物含量较高,氮、磷超标会造成水体富营养化,采用有机絮凝剂和无机絮凝剂处理效果都不理想,而且易产生二次污染,微生物絮凝剂能有效降低废水中的 COD、总有机碳(TOC)、丙烯腈(AN)和总氮(TN)等指标。宋永庆等人从污泥样品中筛选出一株絮凝剂产生菌 M-3,该菌在最佳培养条件下制备的微生物絮凝剂对屠宰场废水的絮凝率为 78.0%,COD 去除率为 34.6%,絮凝剂最佳投加比为 10~20 mL/L,助凝剂质量分数 1% 的 $CaCl_2$ 最佳投加比为 30~40 mL/L。章沙沙等人从反刍动物体内分离出一株纤维单胞菌 P40-2 和一株纤维化纤维微细菌 P71-1,在最佳培养条件下制备出了微生物絮凝剂 MBF-P40 和 MBF-P71,利用这两种絮凝剂处理猪养殖场废水,絮凝率分别为 96.07% 和 93.63%,COD 去除率分别为 71.05% 和 88.32%,TN 去除率分别为 43.75% 和 38.50%,氨氮去除率分别为 40.22% 和 40.63%,絮凝剂最佳投加比为 10 mL/L,助凝剂质量分数 10% 的 $CaCl_2$ 最佳投加比为 5 mL/L。

(7)城市生活污水处理。

生活污水中含有大量的有机物、氮、磷等,与重金属废水、含油废水、印染废水及工业废水等的处理工艺相比,生活污水的处理工艺较为简单。微生物絮凝剂不仅具有传统絮凝剂的絮凝特性,而且安全无毒,易生物分解,因此,可替代传统絮凝剂广泛应用于生活污水处理中。张超等人研究了 6 种絮凝剂对生活污水的处理效果,结果发现,微生物絮凝剂 LF-Tou 2 对生活污水 COD 的去除率最高,达 89.80%,优化絮凝条件,发现当 pH 值为 7.5、絮凝剂投加量为 19 mg/L、温度为 27 ℃、搅拌时间为 3 min 时,生活污水 COD 去除率可进一步提高到 92.90%,SS 去除率可达 100.00%。周明罗等人以白酒酿造废水替代常规培养基,培养假中间苍白杆菌,投加比为 60 mL/L 时,处理生活污水的絮凝率高达 86.80%,悬浮物去除率为 92.50%。Nie 等人从污水处理厂分离筛选到一株肺炎克雷伯菌 NY1,在投加量为 44 mg/L 时,MNXY1 去除城市废水中总悬浮物的去除率为 72.00%,使原废水中的 BOD 和 COD 从 100% 分别降低到 89.00% 和 84.00%。本实验室制备的絮凝剂 MBF-P40 在投加比为 10 mL/L、pH 值为 6.0~8.0 时,处理城市生活污水的絮凝率达到 50.76%,COD 去除率为 10.00%,氨氮去除率为 23.08%。

(8)水产养殖废水处理。

水产养殖废水具有碳、氮、磷等营养物质含量较高,COD、BOD_5及悬浮物等相对含量较低的特点。利用微生物絮凝剂净化水产养殖废水是改善水质、缓解氮污染的研究热点。微生物絮凝剂能促进生物絮团在池塘中形成,以改善池塘水环境,降低饲料投入比例,促进水产动物生长。Avnimelech 发现了一种既实用又经济的方法来减少池塘中无机氮的积累,他利用微生物蛋白质的合成来吸收池塘中的无机氮,其优点是能降低饲料消耗且减少养殖污水排放,一举两得。目前,水产养殖废水处理应用最广的絮凝剂产生菌是硝化细菌和反硝化细菌。近年来,假单胞菌属、产碱杆菌属和脱氮副球菌属等好氧反硝化细菌备受专家学者的关注。好氧反硝化细菌不仅能缩短工艺流程,而且能充分利用水体中的碳源进行自身代谢,充分满足水产养殖富氧需求。

(9)造纸废水处理。

造纸行业发展与环境保护之间的矛盾由来已久。造纸过程中产生的废水排放量大,难降解,是一种高污染的有机废水。造纸废水仅仅通过普通污水处理方式处理并不能达到国家排放标准,主要残留污染物中的 COD 的质量浓度大于 100 mg/L。微生物絮凝剂作为新一代绿色水处理剂,已逐渐应用于造纸废水处理中。芦艳等人利用菌株 M-3 产生的絮凝剂处理造纸废水,在最佳条件下,絮凝率大于 98.00%,氨氮去除率大于 96.00%,具有很好的净化效果。周英勃等人选用廉价的白醋废水作为微生物絮凝剂产生菌 W-2 的培养基,在最适条件下处理造纸厂废水,絮凝率高达 96.77%,COD 去除率为 56.13%,色度去除率为 95.60%,具有较好的去除效果。李文鹏等人以造纸厂剩余污泥为原料制备微生物絮凝剂 LBF,LBF 处理造纸废水的 COD 去除率为 39.00%,SS 去除率为 87.00%,与传统聚合氯化铝絮凝剂相比,LBF 处理造纸废水的效果更佳。

(10)化工厂废水处理。

化工厂排放的废水具有水体量大、成分复杂、污染物含量高、COD 值高、有毒有害物质多、色度高和气味重等特点,这类废水的处理已成为当今环保领域的难题。与常规絮凝剂相比,微生物絮凝剂已被证实具有絮凝过程中产生的絮凝基团较小、固液分离相对迅速、絮凝后物质无毒害作用的特点，因此微生物絮凝剂更适合一些低浓度化工厂废水的处理。吴大付等人从某化工厂及其周围土壤中分离筛选出1株絮凝剂高产的细菌菌株，经优化发酵条件发现，其对化工厂废水中悬浮物的去除效果很好，对高浓度染料废水的脱色也有一定作用。利用絮凝剂 MBF - P40 和 MBF - P71 处理某大型化工集团废水，总氮去除率分别为80.62%和40.71%，具有潜在的应用前景。

(11)制药废水处理。

制药废水具有有毒有害物质多、可生物降解物质多和抗生素残留量大等特点。利用微生物絮凝剂处理制药废水这一想法，已引起了众多学者的关注。石春芳等人分离筛选到一株对制药废水有较强絮凝效果的絮凝剂产生菌 G13，利用处理18 h的G13菌液处理某制药厂废水时，发现废水的臭度由5级变为3级，COD_{Cr}去除率为35.19%，浊度去除率为59.00%，色度去除率为75.00%。

(12)矿井水处理。

矿井水是一类具有煤炭行业特色的废水，主要是采空区塌陷和巷道揭露而波及的水源。未经过处理的矿井水直接排放或外流会造成环境污染与工业水资源浪费。因此，煤矿开采产生的矿井废水污染问题十分严重。目前多采用混凝、沉淀、过滤和消毒处理等工艺处理废水，其中混凝处理作为核心工艺，絮凝剂则是混凝技术的关键。

微生物絮凝剂对于处理SS浓度较高的污水有着较好的效果。刘敬武等人利用好氧的革兰氏阴性菌(葡糖杆菌属)进行实验，其菌液离心上清液对矿井水有较好的絮凝效果；絮凝剂可以减少矿井水的悬浮物含量并降低浊度，但对其他指标影响不大；Ca^{2+}有很好的助絮凝效果，添加助凝剂 $CaCl_2$ 后，絮凝剂对三种矿井水中悬浮物的最终去除率分别可以达到98.5%、98.8%、98.7%。

(13)煤泥水处理。

选煤厂湿法选煤会产生大量的煤泥废水，随着环境中水资源的日益匮乏以及环保部门的严格要求，煤泥水的澄清处理已是选煤厂必不可少的重要流程。其处理效果的好坏与厂内的整体工艺运行效果以及经济效益直接相关。

微生物絮凝剂相对分子质量一般比较大，能够同时吸附多个悬浮颗粒，并且可以产生架桥作用,从而成为较大絮团,同时沉降过程中的网捕作用可以促使更多的悬浮颗粒沉淀。周桂英等人利用草分枝杆菌质量具有选择絮凝性的特点对煤泥水进行絮凝处理。实验结果表明,pH 值为 5 ~6,絮凝剂草分枝杆菌质量浓度为 200 mg/L 的情况下,浮选回收率超过 80.00%。张东晨等人以酱油曲霉为原料,研究其对煤泥水的絮凝效果。研究表明,在菌液量为 1.50%、助凝剂 $CaCl_2$ 质量浓度为 200 mg/L 的条件下,絮凝率能够达到 90.76%。杨艳超以多糖复合微生物絮凝剂替代聚丙烯酰胺用于某选煤厂煤泥水处理上,煤泥水中高灰细泥含量较高,经过 1 年的实际应用,复合微生物絮凝剂与聚丙烯酰胺相比,实用成本大幅降低,年节约药剂费用 54 万元,且有效释放了选煤潜能,减少了对选煤生产的影响。

(14)其他类型工业废水。

微生物絮凝剂在其他类型工业废水处理中也有着广泛的应用前景。He 等人从微藻污水培养系统中分离出柠檬酸杆菌 W4,该菌株产生的蛋白质 EPS 絮凝剂对蛋白核小球藻具有灭活活性,对藻类的回收率为(87.37 ±2.96)%,该研究为污水中藻类的去除提供了一种新的技术方法。Kaur 等人从堆肥厂渗滤液中分离出一种芽孢杆菌,利用该菌种生产的黏液 EPS(S - EPS)和 $FeSO_4$ 混合絮凝处理渗滤液中的生物处理堆肥渗滤液(BB1),其对 COD、磷、氨氮的去除率分别高达 92.00%、94.00%、96.00%。Zhong 等人从农业苎麻生物脱胶废水中分离出一种硝基还原黄杆菌 R9,该菌可将苎麻生物质转换为絮凝剂 MBF -9,MBF -9 用量为 831.75 mg/L 时,其对废水中浊度、木质素和 COD 的最大去除率分别为 96.20%、59.20% 和 79.50%。在微生物絮凝剂广泛应用的过程中,絮凝剂产生菌的菌种来源也有了扩充。蝉花作为一种虫生真菌,最初被关注到是因为其独特的药理活性,而 Zou 等人发现蝉棒束孢霉 GZU6722 产生的 IC -1 具有絮凝潜力,IC -1 对洗煤废水的絮凝率可达 91.81%。

1.2.4 微生物絮凝剂存在的问题

相比于其他类型的絮凝剂,微生物絮凝剂因其无可比拟的优越性而具有广阔的发展前景,但到目前为止微生物絮凝剂在实际工程中尚未得到广泛应用。从规模化生产和实际应用角度来看,微生物絮凝剂存在的主要问题包括以下几个方面。

(1)常用的微生物絮凝剂发酵工艺主要为分批发酵方式。根据菌体的生长规律,按照一定程序进行发酵操作,需要消耗大量人力和物力,能源使用效率较低,发酵生产周期较长,产品产量低,生产成本高。因此,开发微生物絮凝剂连续发酵工艺是解决以上问题的主要途径之一。

(2)微生物絮凝剂的应用研究主要集中在无机颗粒物、染料脱色等部分工业水及水源水处理方面,应用领域较窄。

(3)微生物絮凝剂复配的研究仍处于初级阶段,复配手段不成熟,复配效果较差,复配絮凝剂产品较少。

(4)微生物絮凝剂稳定性差,不易运输及存储,并且防腐保质时间较短,工业化生产的难度大。

1.2.5 CBF的开发和应用

(1)CBF的开发及特性。

CBF属于复合型微生物絮凝剂。CBF的发酵底物为农业废弃物秸秆,而纤维素降解菌和产絮菌共同组成了复合型微生物絮凝剂产生菌菌群,通过纤维素糖化段和絮凝菌产絮段的两段式发酵,使其两端相互耦合,进而生产出绿色高效的CBF。基于复合菌群发酵而成的复合型微生物絮凝剂在很多方面(如菌种活性、絮凝效果、生产成本)均比单一菌种产生的絮凝剂具有优势,成为当前微生物絮凝剂研究的热点。到目前为止,国内学者对复合型微生物絮凝剂的研究主要集中在复合菌群的筛选及优化培养,复合型微生物絮凝剂的成分分析、生物安全性评价、絮凝效果影响因素,廉价底物生产复合型微生物絮凝剂、复配化学絮凝剂处理水源水及污水等方面。

目前,CBF生产和制备的成本仍较高,导致其很难进行大规模的工业化生产及应用。要想解决成本高的问题,需要采用廉价底物生产絮凝剂。已有研究者利用乳品和酱油等食品废水作为廉价培养基,在降低生产成本及提高絮凝率方面取得了较好的效果,同时为寻找复合型微生物絮凝剂的廉价底物提供了思路,因此近年来国内学者在利用廉价底物制备复合型微生物絮凝剂方面做了大量工作。马放等人采用廉价的原料纤维素作为底物进行复合型微生物絮凝剂的发酵,并进一步对以稻草秸秆为底物制备复合型微生物絮凝剂的工艺进行了深入研究。国内学者利用啤酒废水、味精废水等食品加工废水生产复合型微生物絮凝剂,也取得了较好的效果,这些研究为复合型微生物絮凝剂的工业化生产奠定了基础。

从复合型微生物絮凝剂及其发酵工艺来看,CBF 具有以下的特点。

①菌种组成。CBF 主要是两种及以上产絮菌以复合菌群理论为基础混合培养发酵的产物,各菌种之间利用协同作用促进增殖,充分发挥各自的优点,有效互补,使复合型微生物絮凝剂具有最强絮凝能力。

②发酵工艺。使用混合菌种,进行两段式发酵生产复合型微生物絮凝剂:第一段,筛选纤维素降解菌并构建菌群,实现纤维素的高效糖化过程;第二段,利用糖化过程的发酵产物为底物,生产高效、稳定的复合型微生物絮凝剂。将两段发酵有机结合,并将农业废弃物作为发酵底物,其工艺具有绿色环保、高效简便的特点。

③絮凝机理及主要成分。复合型微生物絮凝剂发酵液含有高分子胞外分泌物、纤维素降解菌和产絮菌菌体及其自溶溶出物、纤维素残体等,因此其主要成分的复合型造成其絮凝机理多样化,往往是两种及以上絮凝机理共同作用。

(2)微生物絮凝剂 CBF 的生物安全性评价。

国内学者从生物毒理学角度开展了对 CBF 的生物安全性评价方面的研究,并取得了一系列研究成果。研究结果显示,复合型微生物絮凝剂 CBF 是一种新型的安全水处理剂。CBF 的半数致死量远大于 10 mg/kg,为实际无毒物质;微核实验中,CBF 不同剂量组微核率均低于阴性对照组和阳性对照组;污染物致突变性检测实验中,菌株 TA97、TA98、TA100 和 TA102 在加和不加体外代谢活化系统 SD 雄性大鼠肝匀浆微粒体酶的情况下,不同剂量 CBF 诱发回变率值均小于 2;在致畸实验中,投加 CBF 处理组中未出现胎鼠外观和内脏畸形情况,并与对照组无显著差异。以上研究成果证明了 CBF 属实际无毒物质,无致突变、致畸作用,对机体是安全的,是符合当今需求的绿色净水剂。

(3)CBF 的应用。

CBF 具有优良的脱色除浊和除磷控藻性能以及高效去除有机物等优点,特别对悬浮物有较强的除浊能力,可应用于水处理行业。

①饮用水处理方面。

CBF在地表水源水处理方面具有良好的效果。例如,马放等人发现松花江水源水处理的最佳絮凝条件为复合型微生物絮凝剂投加比14 mL/L左右、pH值7.5左右、助凝剂10% $CaCl_2$ 投加比1.5 mL/L,温度对絮凝率的影响微小。笔者团队用CBF处理松花江水源水,也取得了良好的絮凝效果。郭琇等人用CBF处理珠江水,结果显示,其对珠江水中的浊度、色度均有很好的去除效果。

②生活污水处理方面。

CBF在生活污水处理方面具有良好的效果,单独使用CBF处理生活污水,各种污染物的去除率均在60.0%以上。复合型微生物絮凝剂XZ对生活污水中的SS和色度有较高的去除效率,XZ还能够改善活性污泥的相关指标。张玉玲等人经研究得出复合型微生物絮凝剂处理生活污水的絮凝率最高可达到99.8%的结论。郑丽娜指出CBF和 $FeCl_3$ 复配处理生活污水效果较好,生活污水COD和色度的去除率均超过70.0%,总的细菌数去除率为83.0%,对TN及TP的去除也有较好效果。王琴等人经研究得出CBF对生活污水中各种污染物的去除效果良好,均在60.0%以上的结论。其中,浊度的去除率为78.0%,色度的去除率为69.0%,COD的去除率为70.0%,TN的去除率为64.0%,TP的去除率为76.0%,表面活性剂的去除率为71.0%,SS的去除率为94.0%,总的细菌数去除率为81.0%。CBF对污水中相对个体较大的物质如SS、细菌等的去除能力较强;相比之下,对TN等包含溶解性胶体多的物质的去除能力要稍差些,这与CBF的絮凝作用机理相关。CBF除了在絮凝沉淀方面发挥作用外,在市政污水悬浮载体强化挂膜方面也有较好效果。笔者团队建立了一种有效的载体改性方法,利用CBF掺杂PLA实现强化挂膜的目的,解析市政污水条件下生物膜快速形成过程,优化改性载体挂膜稳定运行工艺。

③工业废水处理方面。

工业废水水质复杂、污染物质毒性强、危害大,且工业废水大多较难处理,处理成本高。国内学者使用复合型微生物絮凝剂在处理工业废水方面进行了初步试验,取得了可喜的作用效果。霉菌类复合型絮凝剂产生菌HS、H9、H10

及细菌类的复合型絮凝剂产生菌 F14、F15 所产絮凝剂对制酒废水和造纸废水的浊度和色度均具有较好的去除效果。张玉玲等人研究得出复合型微生物絮凝剂处理淀粉废水的絮凝率可达到90.00%。复合型微生物絮凝剂 XJBF-1 对淀粉废水、印染废水及垃圾渗滤液的 COD 最佳去除率分别为 88.00%、66.00%和 58.00%,其对淀粉废水及印染废水的处理效果好于阳离子型聚丙烯酰胺的处理效果。复合型微生物絮凝剂 MFHJ4 对印染废水的浊度、色度及 COD 最佳去除率分别为 89.00%、92.00% 和 52.00%,处理效果良好。任敦建等人运用复合型微生物絮凝剂处理食堂废水和印染废水,结果显示其对印染废水浊度去除率较高,超过 73.00%,其对食堂废水的 COD 去除率接近 80.00%。任宏洋等人研究得出复合型微生物絮凝剂对乳品废水和酱油废水等实际废水的 COD 去除率为 64.20% ~85.20%,浊度去除率为 78.20% ~92.30%。Pu 等人利用复合型微生物絮凝剂处理马铃薯淀粉废水,COD 和浊度去除率分别达到 54.09% 和 92.11%,并且将絮凝后的蛋白质物质进行循环利用。杨艳超采用多糖复合生物絮凝剂替代聚丙烯酰胺用于某选煤厂煤泥水处理,经过 1 年的实际应用,发现实用成本大幅降低,且选煤潜能有效释放,对选煤生产的影响也减小了。王丽丽利用复合型微生物絮凝剂作为生物吸附剂,对水溶液中的 Cu^{2+}、Pb^{2+}、Mn^{2+}、Ni^{2+}、Cd^{2+}、Zn^{2+} 等重金属离子进行吸附研究,考察了初始 pH 值、反应时间、温度和絮凝剂用量等参数对吸附过程的影响。实验结果表明,复合型微生物絮凝剂对重金属离子的吸附性能良好,在实际重金属废水处理中具有较大的应用潜力。在煤化工废水处理方面,复合型微生物絮凝剂与氯化铝复配使用取得了比较好的效果,浊度、色度及有机物的去除率均超过 60.00%。

从以上研究结果可以看出,复合型微生物絮凝剂对废水中的色度、浊度、重金属离子及有机物去除等方面效果良好,平均去除率均能够达到 80.00% 以上,已经在饮用水、生活污水和工业废水处理方面有了广泛的应用。但在特殊有机废水处理方面,复合型微生物絮凝剂的应用报道较少,未来应在废水处理类型及处理效率方面加大复合型微生物絮凝剂的研究及应用。

1.3　北方地表水源水现状及强化絮凝处理技术研究进展

1.3.1　我国北方地区水质特点

我国幅员辽阔，各地区气候条件各异，水源水的水质各不相同，其中北方地区水源水普遍具有冬季低温低浊的特点，因此在进行处理之前应对水质特性加以了解。

我国北方地区冰封期较长，冬季地表水温可降到 0～2 ℃，地表径流减少，导致进入水体的外源性物质浓度下降，因此冬季地表水长期处于低温低浊状态。在饮用水处理中，低温低浊水的处理是一直困扰着给水界的难题。低温低浊水主要指温度在 4 ℃以下，同时浊度不超过 30 NTU 的地表水体。在北方地区，冬季时水体长期处在低温（0～2 ℃）低浊（10～30 NTU）状态。在低温低浊水中，主要的杂质以细小的颗粒物或者胶体为主，具有动力稳定性和凝聚稳定性。由于浊度低，颗粒相互碰撞的机会较少，很难进行聚集，同时也缺乏凝聚核心，而形成的絮体具有密度低、数量少、粒径小、穿透性强等特点，并且易悬浮在水体中，应用常规处理工艺对低温低浊水进行处理，出水水质较难达到《生活饮用水卫生标准》（GB 5749—2022）的要求。在冬季低温下，胶体颗粒的 Zeta 电位较高，颗粒间相对稳定，布朗运动不明显，黏滞系数高，颗粒相互碰撞机会减少，较难形成絮体。

除了温度及浊度方面的特征以外，低温低浊水还具有耗氧量低、黏度大、碱度小、pH 值低等特点。研究表明，絮凝反应速率和沉淀速度随水温的降低呈减小趋势，水温每升高 10 ℃，絮凝反应速率增高 1 倍至 2 倍，因此絮凝沉淀法等常规水处理技术对低温低浊水的处理效率较低。

1.3.2　饮用水强化絮凝技术

强化絮凝技术是对传统絮凝工艺进行完善和提高的一项技术，既能有效去除水中的有机物和消毒副产物的前驱物，又能有效节约资金，是适合我国水厂实际情况的水处理技术。强化絮凝即在保证出水浊度较好的情况下，通过絮凝剂投加量的增加提高有机物的去除率。研究发现，影响强化絮凝效率的因素还包括温度、水体有机物含量、颗粒物性质、水力条件、絮凝剂形态及种类等。近几十年来,有关强化絮凝技术的研究在各方面均取得了较大成果,污染物的去除范围扩大,去除效果增强,强化絮凝已成为仅次于生化处理的污水处理主流技术。

1.4 市政污水现状及强化处理技术研究进展

1.4.1 我国市政污水现状

我国市政污水90%以上是水,其余是固体物质,普遍含悬浮物、病原体、有机污染物、无机污染物等。污染物的化学指标包括:生化需氧量(BOD_5)、化学需氧量(COD)、悬浮固体(SS)、氨氮(NH_3-N)、总磷(TP)、重金属等。

随着城市化的快速发展和人口的增长,城市污水排放量增加,环境和居民健康受到了严重的影响。工业、家庭和公共设施等污水都被纳入市政污水管网,形成了复杂的污水系统。大量的污水对城市水资源和水环境造成了严重影响,我国市政污水处理设施建设和运营面临着严峻的挑战。随着国家环保投资力度的加大以及人们环保意识的增强,污水处理厂覆盖率不断扩大,大型集中污水处理厂也因其污水处理能力强、出水水质稳定、管理方便等优势而呈现快速发展的趋势。污水处理工艺不断改进,利用太阳能辅助菌群降解法、异养细菌氧化分解法、生物活性炭法、节肢生物法、强化载体挂膜法等污水处理技术,不仅可以提高污水处理厂的处理效率,还可以提高其经济效益。实现污水回用的规模化不仅有利于节约水资源,还对我国“双碳”战略的实施具有重要意义。

总的来说,我国市政污水处理和管理面临诸多挑战,随着技术的进步和人们环保意识的增强,生物强化处理技术被广泛应用,相信我国在市政污水治理方面会取得更大的进展,实现水资源的有效利用和环境的可持续发展。

1.4.2 生物膜启动的影响因素

生物膜启动的影响因素很多,主要有填料表面性质、反应器运行方式及微生物特性。

(1)填料表面性质。

①比表面积和粗糙度。

材料组成相同,比表面积越大,填料的生物膜越容易启动,挂膜相对越容易。而比表面积与材料的粗糙度有一定关系。大量研究表明,载体的粗糙度对细菌的定殖过程影响较大。高粗糙度的材料具有较大的比表面积,从而吸附性能更强,从根本上增加了微生物在载体上附着的可能性。材料可以通过在微观结构上增加粗糙度以增加接触面积,从而减少细菌受到的流体水力剪切力作用。

②亲疏水性。

载体表面非极性且低表面能的疏水基团易与细菌细胞黏附,从而使微生物细胞与载体表面的黏附力增强。有很多学者做了载体表面的亲水改性研究,改性后载体表面的气液接触角减小,使得细菌在载体上的附着能力减弱,表明载体表面疏水基团有利于生物膜的形成及稳定,但不同菌群性质不同。Ista 等人研究发现表皮葡萄球菌(*Staphylococcus epidermidis*)更易黏附于表面能较高的亲水载体表面上。Hyde 等人研究疏水性与玻璃、钢铁等载体与生物膜形成的关系,发现疏水性载体表面的细胞黏附及生物膜成熟速度较慢。但也有研究得到相反的结果。Heistad 等人研究载体表面疏水性对生物膜黏附的影响,发现生物膜的形成及稳定与载体表面疏水性无明显关系。为此,Heistad 用热力学解释了这一现象:表面呈现疏水性的细胞更容易附着于疏水性的载体表面,表面呈现亲水性的细胞更易附着于亲水性的载体表面。

(2)反应器运行方式。

反应器的运行方式受填充率、水力停留时间(HRT)、曝气方式、溶解氧浓度、营养水平、pH 值及温度等因素的影响。下面介绍几种。

①填充率。

悬浮填料是移动床生物膜反应器(MBBR)工艺的核心,目前所用的材料主要为聚乙烯、聚丙烯及其改性填料,形状主要为球形、圆柱形、海绵状及颗粒状等。一般填料的相对密度略小于水,比表面积为 500 m^2/g 左右。填料的材料、表面粗糙度、比表面积、亲水性及构造等对挂膜速度均有影响。填料的填充率是 MBBR 运行的重要参数。填充率不作为设计参数，只作为流化、能耗、可持续升级的校核参数。从流化角度考虑，一般要求填充率小于 67%；从运行能耗及运维管理角度考虑，一般要求填充率大于 15%，最好大于 30%；从进一步提高空间利用率角度考虑，填充率应控制在 30%~45%，为提标提量留有一定余地。通过更换具有不同有效比表面积的悬浮载体的方法，可实现填充率的增减。

②HRT。

HRT 与生化池内营养物质的量密切相关，营养物质组成对微生物的种类和活性有很大影响，进水的方式与反应器内营养物质随时间的分布直接相关。李致远等人为研究海水循环水养殖系统生物过滤器的快速启动，考察 HRT 对海水生物流化床启动的影响，结果表明，当 HRT 为 1 h 时，实验组能较快地实现物质间转化且更快恢复平衡状态，适合挂膜。许雯佳等人研究 HRT 对活性炭生物转盘的挂膜影响时，发现反应器 HRT 为 6 h 时，生物膜的脱氢酶活性最高，有利于微生物挂膜。此外，随着 HRT 的缩短，VSS /TSS 值变小，这是由于水中污染物浓度较低，活性炭生物转盘上的微生物膜较易受到外界环境的影响，而过快的流速会对反应器上的生物膜产生一定的冲击，造成生物膜的脱落。

③曝气方式及溶解氧浓度。

曝气方式及溶解氧浓度对微生物的种类、活性及水力剪切力有很大影响。适宜的水力剪切力作用及溶解氧浓度有利于微生物在载体表面附着生长，形成特定的微生物群落。曝气量过大会加速载体的相互碰撞，造成生物膜脱落，加快生物细胞的老化，影响挂膜效果，这是由于生物膜的形成是黏附在填料上的细胞自身生长增殖的结果；然而较低的曝气量不能使填料与污水充分混匀，影响传质效果，而且溶解氧浓度低时，微生物处于缺氧状态，有利于反硝化细菌的生长，但细胞活性偏低，增殖缓慢。

(3)微生物特性。

①接种污泥。

接种污泥的量及微生物种类、活性等对挂膜速度有重要影响。异养微生物形成生物膜的速度快于自养微生物，微生物的活性越高，分泌的体外多糖越多，微生物细胞间的黏附力越强，越有利于形成生物膜。接种污泥类型与反应器启动速度密切相关。李祥等人采用不同泥源对厌氧氨氧化反应器启动的影响进行了研究,结果表明直接接种厌氧氨氧化污泥比接种普通污泥启动速度更快。

②微生物活性及浓度。

异养微生物的生物膜的形成速率要快于自养微生物和厌氧微生物,这是由于异养微生物的比生长速率最大。微生物的活性越高,其比生长速率也越大。而且,微生物所处的能量水平与它们的活性相关,高活性的细菌具有较大的动能,这些能量有助于克服在细胞固定化过程中微生物与载体之间的能垒。另外,微生物活性不同,微生物的表面结构也不同。微生物表面的生理状态或分子组成的变化也是影响细菌在载体表面附着和固定的因素。

悬浮微生物的浓度对生物膜形成的影响是显而易见的,因为在特定的系统中,悬浮微生物的浓度代表了微生物与载体间的接触频率。悬浮微生物浓度越高,微生物与载体之间的接触频率也越高。大量研究表明,适量地接种污泥有助于生物膜反应器的快速启动,通常好氧生物膜反应器的接种污泥质量浓度在1.0 g/L左右较为适宜,也有研究者认为接种污泥的临界活性污泥质量浓度为0.1 g/L以下。

1.4.3 载体改性的常规方法

随着科学技术的发展和水处理技术的成熟,人们利用各种物理、化学方法改进传统的填料方式,进行性能优化,使其更好地满足污水处理的需求。载体改性的常规方法有以下几种。

(1)共混改性。

共混改性是将多种物质进行混合,得到一种新型宏观均质混合材料的过程。添加的物质与基材不发生化学反应。向普通聚乙烯填料中添加生物亲和及亲水物质、活性炭及磁性粒子等,并对其进行共混改性,改性填料表面粗糙度增大,挂膜时间缩短2~4 d,膜的生成速度加快,厚度增加且更稳定,生物种类和数量更多,污水处理效率更高。

(2)表面改性。

表面改性不会影响材料主体结构,仅对材料表面进行修饰,使材料表面具有亲水性、生物亲和性等优良性能。

周芬等人在塑料填料表面附着一层混凝土，从而改善塑料填料表面的亲水性，其处理垃圾渗滤液 COD 的效果比未改性的处理效果好。陈月芳等人采用在悬浮填料表面附着一层沸石的方法制得填料，并将其用于深度生活污水处理，22 d 挂膜成熟，出水水质好。Gong 等人对微塑料进行紫外线处理，与未经紫外线处理的微塑料载体相比，发现经紫外线处理后的微塑料载体表面变得更粗糙且有更多孔，故而附着的微生物更多。

(3)化学改性。

化学改性是指通过化学方法对物质进行改性，即通过接枝、缩合、交联、共聚等化学方法进行改性。对聚烯烃材料进行官能化改性，在分子链上引入极性或功能性侧基，是扩大聚烯烃材料应用领域的有效途径。

对聚烯烃材料进行接枝常用的单体有马来酸酐、甲基丙烯酸甲酯、甲基丙烯酸、丙烯酸及甲基丙烯酸缩水甘油酯等。毕源等人发现采用氧化处理和接枝蛋白分子的方法引入新的亲水基团和细胞识别位点，可以提高聚烯烃载体的亲水性能和生物相容性，从而加速微生物的黏附和增殖。同时，改性填料在提高挂膜速率和增大生物膜量方面效果较好。

(4)生物活性改性。

生物活性改性是通过向填料中添加促进生物活性的物质，或者直接包埋微生物的方式来提高填料的生物活性。唐文锋等人通过添加促进生物酶催化的纳米材料制得的改性悬浮填料，有利于各种微生物的生长繁殖，附着力强且不易脱落。

(5)磁化改性。

随着对微生物磁效应作用的发现，已经有大量实验研究如何利用磁场提高微生物的活性和对污水的处理效率。

曾有学者在反应器外添加了一个外接磁场，使得污水处理效率得到了极大提升。但是在实际工业应用中，直接在一个污水处理构筑物中添加一个外接磁场是不切实际的，向废水中添加磁粉成本又十分高昂，所以很多学者开始向载体中添加磁性物质，使磁性物质固定在载体中。郭磊等人对多孔陶瓷进行磁化改性获得磁性多孔陶瓷载体，并将其用于垃圾渗滤液的处理，COD 和氨氮的去除率都在90%以上。Yao等人通过对比磁性和非磁性载体对硝化反应的生物效应发现,磁化改性过后的载体有更好的硝化性能。

1.5 主要研究内容及微生物絮凝剂应用发展趋势

1.5.1 主要研究内容

(1)CBF处理地表水源水效能研究。

以实际水源水为处理对象,考察CBF对浊度等指标的去除效果。开展不同絮凝条件对絮凝效果的影响研究,确定最佳去除条件;针对低温低浊水,通过正交实验优化絮凝条件,考察CBF对低温低浊水的浊度及铝的去除效能。

(2)微生物复合絮凝剂(PAFC-CBF)的制备及其防腐保质性能研究。

通过制备不同复合质量比的复合絮凝剂,考察其絮凝效能,确定最佳复合质量比的PAFC-CBF;对制备出的PAFC-CBF通过现代分析手段,分析有效官能团及成分,对新型复合絮凝剂结构及形态进行研究;以制备的PAFC-CBF为实验材料,研究不同种类、不同浓度防腐剂对PAFC-CBF防腐保质性能的影响,为PAFC-CBF的生产和应用提供支持。

①PAFC-CBF的絮凝特性和絮凝机理研究。

研究PAFC-CBF在不同絮凝条件下的絮凝效果及絮凝特性,包括[Al+Fe]的形态分布、絮体的电荷特性、絮体形貌与尺寸、絮体破碎与恢复特性等;在分析PAFC-CBF絮凝特性基础上,阐明PAFC-CBF的絮凝机理。

②CBF中试效能及群落结构解析。

通过静态实验,开展CBF强化絮凝水源水效能研究,考察PAFC和CBF两种絮凝剂投加顺序及投加比例对絮凝效能的影响;基于絮凝沉淀工艺,针对水源水各季节不同水质条件,研究CBF强化絮凝处理地表水源水效能;利用PCR-DGGE分子生物学技术研究沉淀絮凝工艺内微生物群落结构的变化,并对群落结构进行解析。

③高效微生物絮凝剂掺杂聚乳酸改性悬浮载体方法的建立及特性解析。

分析改性载体的形貌特征、表面积和孔径的变化情况,解析接触角和Zeta电位对改性材料的表面能及微生物黏附的能量壁垒的影响,解析载体改性前后的官能团变化。

④实际条件下改性载体快速挂膜启动技术的建立。

针对北方实际污水条件下生物膜生长、成熟及脱落等的特点，确定最快速的生物膜生长条件，优化改性载体在 CASS 及 MBBR 工艺中的处理效能，建立快速挂膜启动技术。

⑤改性悬浮载体挂膜作用机制解析及载体挂膜综合评价标准的确立。

通过群落结构解析，确定挂膜启动的强化机理，为后续强化挂膜过程提供技术指导和理论支持。通过数据分析及文献类比，建立载体挂膜成熟综合评价标准，为指导实际污水厂优化生物膜工艺提供理论依据。

1.5.2 发展趋势

絮凝剂是水处理工程技术领域中的前置预处理和后续深度处理过程中所必须投加的药剂，而微生物絮凝剂独特的优良品质使其在饮用水安全供给，工业、城市污水深度达标处理和水资源回用领域中具有广阔的应用前景以及巨大的市场需求。近年来，我国已采取一系列措施加大对生物技术创新和生物产业发展的支持力度，制定了《“十四五”生物经济发展规划》等相关生物技术及经济鼓励政策，强调生物技术需面向经济社会发展主战场，面向国家重大战略需求，面向世界科技前沿，重点发展高性能的水处理絮凝剂、混凝剂等生物技术产品，推动生物技术和信息技术融合创新，加快发展生物材料、生物能源等产业，做大做强生物经济。这给微生物絮凝剂的研究及应用创造了很好的政策环境。

微生物絮凝剂的研究取得了大量的成果，越来越受到环境工程界的青睐。但是，微生物絮凝剂应用范围相对较窄、制备成本偏高等劣势是制约其规模化应用的主要瓶颈。因此针对微生物絮凝剂存在的问题，可从以下几方面进一步研究。

(1)优化絮凝剂产品的提取方法及储存条件。由于微生物絮凝剂主要由多糖和蛋白质组成，常规提取方法流程复杂，操作烦琐，耗药量大，不利于微生物絮凝剂的推广，而且微生物絮凝剂作为一种液态发酵产物，其液体状态下的稳定性较差，但冻干成本较高且不易实现大规模生产，因此有待开发出新的经济、简便、高效且适用于大规模生产的絮凝剂保存方法。

(2)构建产絮菌菌种资源库,实现絮凝剂产品的系列化,提高产品的稳定性和多样性。进一步完善产絮菌的选育方法和诱变方法,并通过复杂基质产絮菌的选育、培养及保藏,开发多元化混合产絮菌群,提高水处理系统中微生物处理环节的稳定性及多样性,构建智能化菌种资源库,从而针对不同的处理对象选取不同的菌种资源。

(3)完善微生物絮凝剂产品标准及评价体系。完善微生物絮凝剂遗传毒性、生殖毒性和一般毒性的安全性评价及产品标准,为微生物絮凝剂的工业化及其在水处理中的应用提供依据。

(4)深入研究絮凝机理。从物理、化学和生物学等不同角度深入研究微生物絮凝剂的絮凝机理、解析絮凝形态结构、优化微生物絮凝剂的制备工艺,分析探讨微生物絮凝剂对不同类型的污水(废水)的作用机理,指导开发出有针对性的新型高效微生物絮凝剂。

(5)开展规模化的生产性试验。目前微生物絮凝剂的研究大多处于实验室研发阶段,与实际应用还有较大距离。因此,今后应着重将微生物絮凝剂从实验室阶段转化到大规模工业化生产阶段,在实际工程中对微生物絮凝剂进行深入研究。

(6)开发微生物复合絮凝剂。根据处理对象的不同,将化学絮凝剂与复合型微生物絮凝剂复配,开发系列产品,既能减少化学絮凝剂用量,又能克服微生物絮凝剂作用单一的缺点。

(7)扩大应用范围。虽然复合型微生物絮凝剂已经在饮用水处理、生活污水和某些工业废水处理方面有了一定应用,但在特殊有机废水处理方面,微生物絮凝剂应用报道较少,如煤泥水、啤酒废水、煤化工废水、制药废水、重金属废水等。应加大微生物絮凝剂在高价值物质回收方面的应用研究力度,拓展其应用领域。

(8)进一步解析 CBF 掺杂 PLA 强化机理。研究实际市政污水处理设备运行条件下生物膜形成过程,从强化载体制备的经济性、挂膜稳定性及抗冲击负荷、低温挂膜性能等方面,全面考察其在实际污水处理中应用的可行性,以期找到一种高效、绿色、经济的强化挂膜处理技术。

第2章　CBF处理地表水源水效能研究

絮凝技术被广泛应用于水处理、生物下游工业及食品发酵等领域当中。高效无毒的絮凝剂的开发及应用是目前环境科学与工程领域中的研究重点。微生物絮凝剂作为新型绿色环保絮凝剂，在众多种类的絮凝剂中，有其独特的优势。本章基于地表水源水的实际处理要求，通过烧杯实验探讨各因素对CBF处理地表水源水效能的影响，并对北方典型低温低浊水进行优化絮凝研究，以期为实际应用提供技术支持。

2.1　CBF处理地表水源水的影响因素

本章通过改变pH值、CBF投加量、助凝剂质量分数10%的$CaCl_2$投加比、温度等条件，考察水源水浊度、色度等的变化，探讨各因素对水源水处理效能的影响，并确定最佳絮凝条件。

实验原水取自某江。原水指标：初始浊度为35.0~55.2 NTU，色度为140~180度，水温为14.4~19.4 ℃，pH值为7.0左右。

2.1.1　CBF投加量对去除效能的影响

向1.0 L原水中加入$CaCl_2$ 1.0 mL，并设置CBF投加量为0~36 mg/L的实验处理组，调节pH值至7.5，按照烧杯实验方法进行实验，分别测定浊度和色度。CBF投加量对浊度、色度去除效能的影响见图2-1、图2-2。

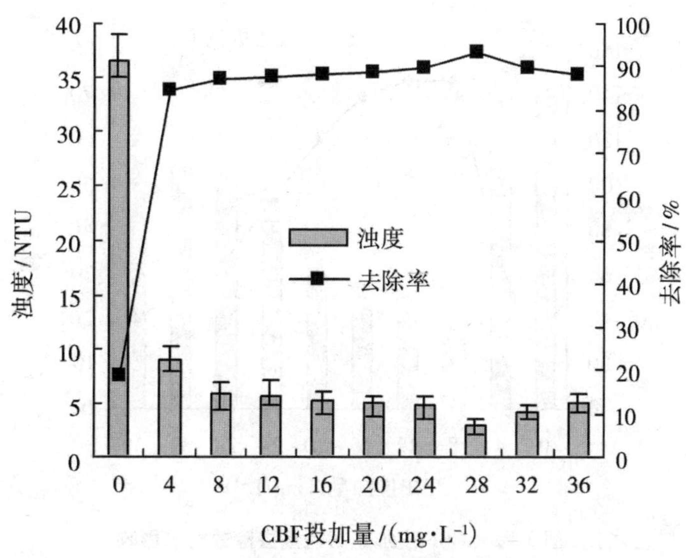

图 2-1 CBF 投加量对浊度去除效能的影响

如图 2-1 所示,CBF 投加量为 0~36 mg/L 时,浊度去除率随着投加量的增加而升高,但投加量在 8 mg/L 以上时,浊度去除率变化不明显,当投加量为 28 mg/L 时,浊度去除率达到最大值,为 93.30%,此时,浊度值为 3.00 NTU。继续增加投加量,去除率开始缓慢降低,在投加量为 36 mg/L 时,浊度去除率为 87.93%。李淑更研究认为这一结果与无机絮凝剂和有机絮凝剂的絮凝结果类似,说明微生物絮凝剂的絮凝机理在一定程度上与其他絮凝剂存在相似性。从以上结果可以看出:CBF 的最佳投加量为 8~28 mg/L。

如图 2-2 所示,色度去除率随 CBF 投加量的增加先升高后降低,当 CBF 投加量为 8 mg/L 和 12 mg/L 时,色度去除率最大,为 73.33%,此时色度为 40 度,继续投加 CBF,色度去除率迅速降低,这可能是由于 CBF 发酵液本身为淡黄色,过多投加会引入外源色度,而随着外源色度的不断增加,色度去除率也降低。

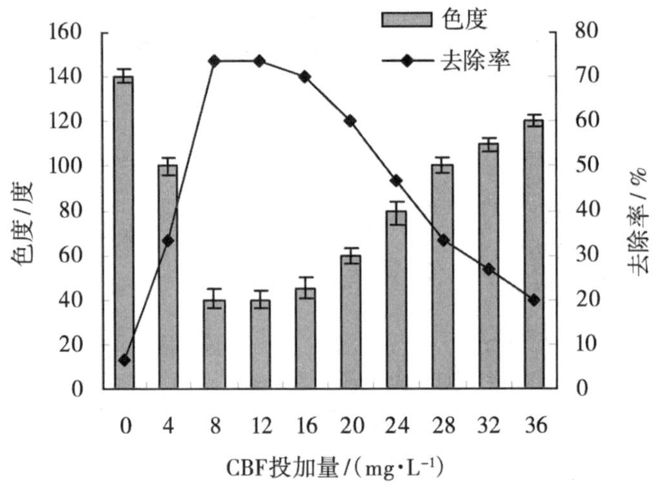

图 2-2 CBF 投加量对色度去除效能的影响

对以上结果分析可知,随着絮凝剂投加量的逐渐增大,浊度与色度去除率呈现先升高后降低的趋势。这是由于微生物絮凝剂的投加量较低时,会造成吸附过早地饱和,降低其对污染物的去除率;而过量的微生物絮凝剂会破坏整个体系的带电性,使得体系电荷失衡,容易引起返混现象,影响去除效果;适量的絮凝剂才能充分发挥其絮凝作用机制,达到良好的去除效果。综合考虑去除效果及处理成本等因素,确定最佳 CBF 投加量为 8 mg/L。

2.1.2 $CaCl_2$ 投加比对去除效能的影响

向 1.0 L 原水中投加 CBF 8.0 mg,并设置 $CaCl_2$ 投加比为 0 mL/L、0.5 mL/L、1.0 mL/L、1.5 mL/L、2.0 mL/L、2.5 mL/L,调节 pH 值至 7.5,按照烧杯实验方法进行实验,测定浊度、色度。$CaCl_2$ 投加比对浊度、色度去除效能的影响见图 2-3、图 2-4。

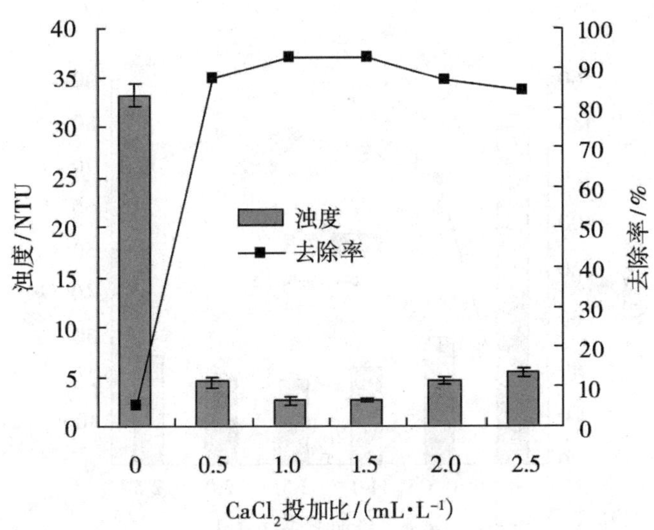

图 2－3 $CaCl_2$ 投加比对浊度去除效能的影响

如图 2－3 所示，助凝剂 $CaCl_2$ 的投加比为 0～2.5 mL/L，当 $CaCl_2$ 投加比为 0 mL/L 时，絮凝效果较差，浊度几乎没有变化，证明了在没有助凝剂辅助的情况下，CBF 去除颗粒物质能力较差；投加比为 0.5 mL/L 时，絮凝效果开始变好。随着投加比的增加，去除率也升高，当投加比为 1.0 mL/L 时，浊度的去除率达到 92.57%，在投加比为 1.5 mL/L 时，浊度去除率最高，为 92.63%，此后，随着投加比的增大，浊度去除率开始降低，在投加比为 1.0 mL/L 和 1.5 mL/L 时，浊度去除率基本相同。在投加比为 2.0 mL/L 时，浊度去除率下降较快，这是由于微生物絮凝剂去除污染物主要是利用大分子间的吸附架桥作用，但是投入过多的助凝剂，会引入过多的正电荷，并与带负电的微生物絮凝剂的吸附位点结合，从而阻碍微生物絮凝剂与胶体颗粒的结合。

如图 2－4 所示，色度与浊度变化趋势基本相同，当 $CaCl_2$ 投加比为 1.0 mL/L 时，色度去除率为 73.33%。当投加比为 1.5 mL/L 时，色度去除率最大，为 76.67%。此后，随着投加比的增加，色度去除率开始降低。综合上面的分析可知：只有在投加一定量的 Ca^{2+} 时，絮凝剂才能表现出较好的絮凝效果。可以说，该絮凝剂受金属离子浓度的影响较大，金属离子对于絮凝剂来说是不可缺少的助凝物质。综合去除效果及成本等因素考虑，确定 $CaCl_2$ 最佳投加比为 1.0 mL/L。

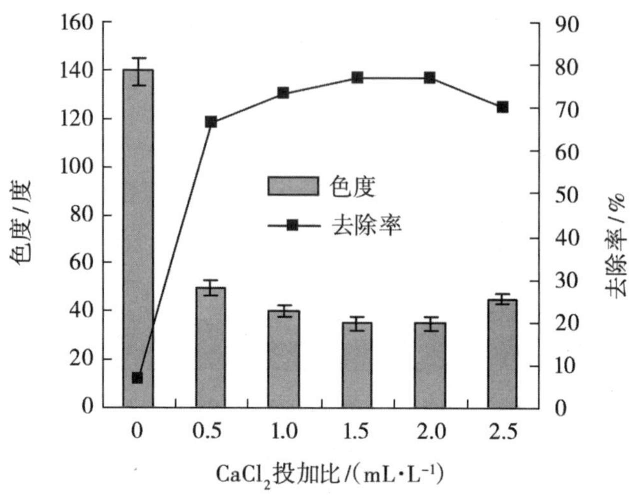

图 2-4 $CaCl_2$ 投加比对色度去除效能的影响

2.1.3 pH 值对去除效能的影响

向 1.0 L 原水中加入 CBF 8.0 mg、$CaCl_2$ 1.0 mL，调节 pH 值至 6.0、6.5、7.0、7.5、8.0、8.5，按照烧杯实验方法进行实验，测定浊度和色度。pH 值对浊度、色度去除效能的影响见图 2-5、图 2-6。

如图 2-5 所示，在 pH 值为 6.0 时，浊度去除率比较低，随着 pH 值的增大去除率也逐渐升高，pH 值为 7.0 时，浊度去除率为 92.00%，此时变化趋于稳定，pH 值为 7.5 时，浊度去除率最大，为 93.05%，此时浊度值为 3.3 NTU。pH 值继续增大，去除率略有降低，但仍在 92.00% 左右，说明 CBF 在中性或弱碱性条件下对浊度的去除最为有效。这是由于 pH 值的变化会改变 CBF 和水中颗粒物质表面电荷的数量和性质，过高或过低的 pH 值会削弱其中和作用，进而阻碍物质间的凝聚反应。

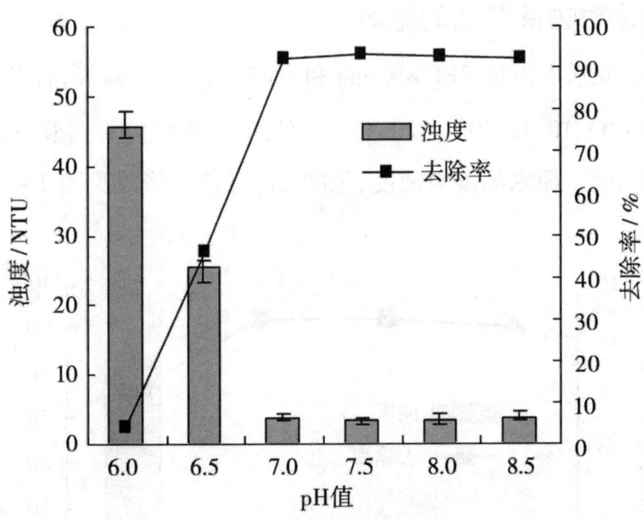

图 2-5 pH 值对浊度去除效能的影响

如图 2-6 所示，色度去除率随着 pH 值的升高先快速升高，在 pH 值超过 7.5 时开始降低，色度去除率在 pH 值为 7.5 时达到最大，为 78.57%。综合浊度、色度的去除率分析得出 CBF 在中性或者弱碱性条件下去除效能最好，最佳去除效能的 pH 值为 7～8。

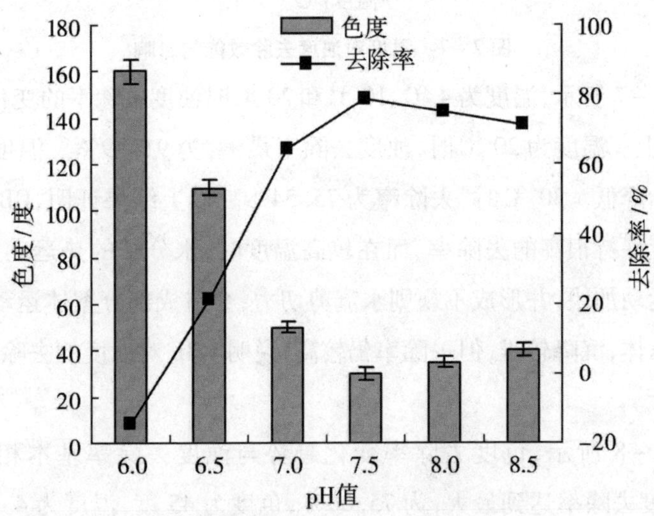

图 2-6 pH 值对色度去除效能的影响

2.1.4 温度对去除效能的影响

向 1.0 L 原水中投加 CBF 8.0 mg 和 $CaCl_2$ 1.0 mL,调节 pH 值至 7.5,设置原水温度为 4 ℃、10 ℃、20 ℃、30 ℃实验处理组,按照烧杯实验方法进行实验,测定浊度和色度。原水温度对浊度、色度去除效能的影响见图 2-7、图 2-8。

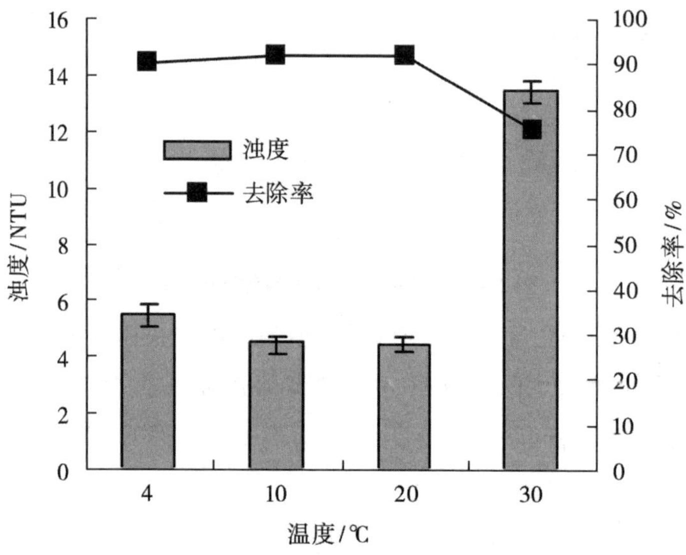

图 2-7 温度对浊度去除效能的影响

如图 2-7 所示,温度为 4 ℃、10 ℃和 20 ℃时浊度去除率的变化不大,均在 90.00% 以上。温度为 20 ℃时,浊度去除率最大,为 91.99%。温度继续升高,去除率开始降低。30 ℃时,去除率为 75.54%。以上结果证明,CBF 在低温时对江水浊度保持很高的去除率,而在较高温度时,水分子的热运动及胶体粒子的无规则运动加快,并形成不规则水流剪切力,会造成部分絮体运动加快,很难形成大块絮体,沉降较难,但去除率仍较高,说明 CBF 对浊度的去除效能受温度的影响不大。

如图 2-8 所示,色度去除率变化趋势与浊度去除率基本相同,温度在 20 ℃时色度去除率达到最大,为 75.00%,色度为 45 度,温度为 4~20 ℃时去除率都保持在 70.00% 以上。以上结果说明,CBF 的去除效能受温度的影响不大,这一特点有助于其在低温实际废水处理工程中的应用。

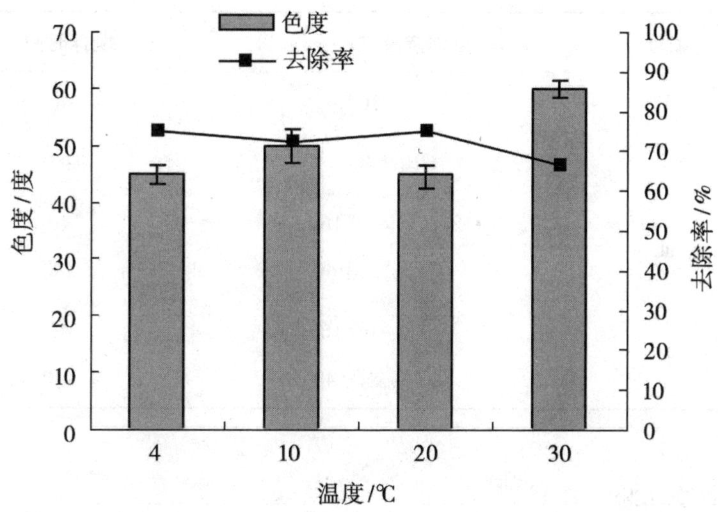

图 2-8 温度对色度去除效能的影响

综上所述,CBF 投加范围较广,适当投入助凝剂能够提高絮凝效果,CBF 适合于中性或弱碱性的废水的处理,温度对絮凝剂的去除效果影响不大。CBF 对水源水污染物的最佳去除条件是:CBF 投加量为 8 mg/L,助凝剂 $CaCl_2$ 投加比为 1.0 mL/L,pH 值为 7~8,温度为 4~20 ℃。

2.2 CBF 处理低温低浊水效能

2.2.1 实验用水

实验用水均取自某江,该段地处北方寒冷地区,冬季冰冻期长达 5 个月。原水为典型的低温低浊水,最低温度在 2 ℃以下。

2.2.2 CBF 处理低温低浊水条件优化

综合已有研究及前期单因素实验研究,选取絮凝剂投加量 A、助凝剂质量分数 10% 的 $CaCl_2$ 投加比 B、pH 值 C、水力条件 D 和沉降时间 E 为影响因素进行 $L_{16}(4^5)$ 正交实验,考察各因素对浊度及铝的去除率的影响。其中,水力条件参数见表 2-1。

表 2-1　絮凝水力条件

编号	搅拌速度/($r\cdot min^{-1}$)	搅拌时间/s
Ⅰ	160	40
Ⅱ	40	280
Ⅲ	第一段 160	40
	第二段 40	280
Ⅳ	第一段 160	40
	第二段 40	140

(1)正交实验。

基于前期大量单因素实验,确定了5个因素的4个水平范围(表2-2)。参照正交实验方案,按絮凝沉降实验方法得到不同条件下的实验结果,具体结果见表2-3。

表 2-2　$L_{16}(4^5)$正交实验因素水平

水平	因素				
	A/($mg\cdot L^{-1}$)	B/($mL\cdot L^{-1}$)	C	D	E/min
1	4.0	0.5	6.0	Ⅰ	10
2	12.0	1.0	7.0	Ⅱ	20
3	20.0	1.5	8.0	Ⅲ	30
4	28.0	2.0	9.0	Ⅳ	40

表 2－3　$L_{16}(4^5)$ 正交实验及结果

序号	A	B	C	D	E	浊度去除率/%	铝去除率/%
1	1	1	1	1	1	1.90	14.38
2	1	2	2	2	2	60.91	58.16
3	1	3	3	3	3	69.67	76.93
4	1	4	4	4	4	69.24	83.14
5	2	1	2	3	4	59.80	60.20
6	2	2	1	4	3	3.31	21.35
7	2	3	4	1	2	80.33	90.29
8	2	4	3	2	1	62.50	50.07
9	3	1	3	4	2	70.47	70.46
10	3	2	4	3	1	65.32	71.94
11	3	3	1	2	4	6.13	12.96
12	3	4	2	1	3	72.00	85.65
13	4	1	4	2	3	61.27	76.91
14	4	2	3	1	4	84.07	86.33
15	4	3	2	4	1	60.48	76.43
16	4	4	1	3	2	4.11	10.74

(2)浊度去除率。

对表2-3数据进行整理分析,分别计算 K_i 和 R,得到直观的浊度去除率分析结果(表2-4)。从表2-4中可知,各因素对浊度去除率的影响作用大小顺序为:C>D>E>B>A。

表2-4 浊度去除率直观分析

综合平均值	浊度去除率/%				
	A	B	C	D	E
K_1	50.430	48.360	3.862	59.575	47.550
K_2	51.485	53.402	63.297	47.703	53.955
K_3	53.490	54.152	71.678	49.703	51.563
K_4	52.483	51.963	69.040	50.875	54.810
R	3.050	5.792	67.816	11.872	7.260

注:①K_i($i=1\sim4$)表示正交表中某一列 i 水平实验结果的平均值;②R 表示极差。

由于极差分析不能给出误差的估计量,不能够进行误差分析,因此无法估计各因素各水平之间的差异是由实验误差还是水平间实质性变化造成的,仍需进一步做方差分析。浊度去除率的方差分析结果见表2-5。从表2-5中可知,各因素对浊度去除率影响较大,其中,C因素影响最为显著,即pH值对浊度去除率的影响最大。

表 2-5　浊度去除率方差分析

因素	偏差平方和	自由度	F	F 临界值
A	20.598	3	0.008	3.29
B	79.390	3	0.030	3.29
C	12 489.765	3	4.787	3.29
D	329.147	3	0.126	3.29
E	126.833	3	0.049	3.29

注：α 是显著性水平，$\alpha = 0.05$。

(3)金属铝去除率。

对表 2-3 的数据进行整理分析，金属铝去除率直观分析和方差分析结果分别见表 2-6 和表 2-7。从铝去除率极差分析和方差分析结果中可以看出，各个因素对铝的去除率均有影响，影响显著性的大小顺序为：C>D>E>B>A，即 pH 值对金属铝去除率的影响最显著。

表 2-6　铝去除率直观分析

综合平均值	铝去除率/%				
	A	B	C	D	E
K_1	58.153	55.487	14.858	69.162	53.205
K_2	55.478	59.445	70.110	49.525	57.412
K_3	60.252	64.153	75.947	54.953	65.210
K_4	62.603	57.400	75.570	62.845	60.657
R	7.125	8.666	65.712	19.637	12.005

表 2－7　铝去除率方差分析

因素	偏差平方和	自由度	F	F 临界值
A	110.457	3	0.045	3.29
B	166.341	3	0.068	3.29
C	10 719.765	3	4.392	3.29
D	896.638	3	0.367	3.29
E	309.419	3	0.127	3.29

(4)各因素最佳水平选择。

水源水的浊度及金属铝的含量是饮用水厂两个重要的水质参数,因此需要综合考察两个指标的最佳絮凝条件是否一致。根据表 2－4 和表 2－6 可知,低温条件下浊度和铝去除的最佳絮凝条件分别为 $A_3B_3C_3D_1E_4$ 和 $A_4B_3C_3D_1E_3$。B、C 和 D 的水平相同,A 和 E 的水平不同。从以上结果可知 A 因素各水平对两指标去除率影响均不显著,从节约成本方面考虑,最佳絮凝条件选择 A 因素的 3 水平;E 因素对两个指标的影响作用排在第三位,对浊度去除的最佳条件为 E_4,但 E_3 与 E_4 的均值差异不大,从实际应用来看,停留时间一般为 20～30 min,综合来看,E_3 与 E_4 对浊度去除率影响不显著,最佳絮凝条件选择 E 因素的 3 水平。理论上,对于浊度及金属铝去除的最佳絮凝条件是 $A_3B_3C_3D_1E_3$。

由表 2－3 可以得知,16 组实验对浊度及铝的去除效果最好的分别是 $A_4B_2C_3D_1E_4$ 和 $A_2B_3C_4D_1E_2$。为考察理论与实际的去除率是否一致,又进行了 3 组验证实验,材料、方法及培养条件同上。由表 2－8 可见,第 1 组浊度去除率为 88.34%,铝的去除率为 92.43%,两指标去除效率均最高。所以最后得到对于浊度和铝去除的最佳絮凝条件为 $A_3B_3C_3D_1E_3$。即低温条件下最佳絮凝条件:絮凝剂投加量为 20 mg/L;助凝剂 $CaCl_2$ 投加比为 1.5 mL/L;pH 值为 8.0;水力条件为搅拌速度 160 r/min,搅拌时间 40 s;沉降时间为 30 min。在该条件下，浊度为 1.903 NTU，接近《生活饮用水卫生标准》(GB 5749—2022)的浊度限值，残余铝的浓度为 0.037 8 mg/L，符合《生活饮用水卫生标准》(GB 5749—2022)中铝浓度在 0.2 mg/L 以下的要求。

表 2-8 验证实验

序号	A	B	C	D	E	浊度去除率/%	铝去除率/%
1	3	3	3	1	3	88.34	92.43
2	4	2	3	1	4	84.84	86.53
3	2	3	4	1	2	81.24	90.01

由上述结果可知，对微生物絮凝剂去除浊度及铝的效果影响最大的是 pH 值，中性或弱碱性有利于对浊度及铝的去除，此结果与周健的研究结果相近。

CBF 含有较多的羟基与羧基等官能团，水溶性较好，具有较多的活性吸附位点，由于 CBF 分子链中的羧基以及水中的胶体颗粒都带负电荷，因此，pH 值的升高会引起胶体颗粒和絮凝剂分子间的斥力增加，使其分子链充分延展，形成更多的基团自由端，或一个疏松的链环，有效吸附面积进一步扩大。而絮凝剂分子上的多种活性基团通过离子键或者共价键等其他方式与胶体颗粒吸附结合，产生架桥作用，达到增强絮凝的效果。

综上所述，通过正交实验确定的最佳絮凝条件是 $A_3B_3C_3D_1E_3$，即絮凝剂投加量为 20 mg/L，助凝剂 $CaCl_2$ 投加比为 1.5 mL/L，pH 值为 8.0，水力条件为搅拌速度 160 r/min、搅拌时间 40 s，沉降时间为 30 min。

2.3 本章小结

本章探讨各因素对 CBF 处理地表水源水效能的影响，具体考察了 CBF 投加量、助凝剂 $CaCl_2$ 投加比、pH 值和温度四种絮凝条件对地表水浊度、色度的去除效率的影响。CBF 适合处理中性或弱碱性的地表水，温度对絮凝剂的去除效果影响不大,絮凝剂投加量的范围较大,适当投入助凝剂有助于提高絮凝效果。综合去除效果及成本因素,CBF 对水源水污染物的最佳去除条件是:CBF 投加量为 8 mg/L,助凝剂 $CaCl_2$投加比为 1.0 mL/L,pH 值为 7 ~8,温度为 4 ~20 ℃。

针对处理低温低浊水残余铝含量过高及浊度去除难的问题,利用 CBF 对低温低浊水源水进行处理,通过 $L_{16}(4^5)$ 正交实验研究了 CBF 投加量、助凝剂 $CaCl_2$ 投加比、pH 值、水力条件和沉降时间 5 个因素对絮凝效果的影响。结果表明,对浊度及铝的去除率的影响效果大小顺序均为:pH 值 > 水力条件 > 沉降时间 > 助凝剂 $CaCl_2$ 投加比 > 絮凝剂投加量。浊度和铝去除的最佳的絮凝条件是:絮凝剂投加量为 20 mg/L;助凝剂 $CaCl_2$ 投加比为 1.5 mL/L;pH 值为 8.0;水力条件为搅拌速度 160 r/min、搅拌时间 40 s;沉降时间为 30 min。此时浊度去除率达到 88.34%,残余铝去除率为 92.43%。采用以上处理方法能够减轻给水厂后续处理工艺的处理负荷,降低水厂处理成本。

第 3 章 PAFC－CBF 的制备及其防腐保质研究

3.1 PAFC－CBF 的制备

不同复合质量比的微生物复合絮凝剂的絮凝效果如图 3－1 所示，其中原水浊度为 25.20 NTU。从图 3－1 中可以看出，随着絮凝剂投加量的增加，浊度均呈现下降趋势，从效果和经济性考虑，PAFC 投加量为 15～25 mg/L，絮凝效果较为理想。PAFC 与 CBF 复合质量比为 10∶1～30∶1，且 PAFC 投加量为 15～30 mg/L 时，不同复合质量比的 PAFC－CBF 浊度去除率均较高，均在 60.00% 以上，浊度均为12 NTU以下，复合质量比为 20∶1 的复合絮凝剂絮凝效果最好，复合质量比为 30∶1 时絮凝效果次之，复合质量比为 10∶1 时絮凝效果最差，但三种不同复合质量比的复合絮凝剂处理组絮凝效果均好于单独投加 PAFC 处理组。随着微生物复合絮凝剂投加量的增加，絮凝效果均增强，但在 20～30 mg/L 时，增强并不明显。PAFC 与 CBF 复合质量比为 20∶1，投加量为 30 mg/L 时，浊度最低，为 1.82 NTU，浊度去除率达到 92.78%。综合成本及经济因素考虑，确定最佳 PAFC－CBF 的 PAFC 与 CBF 复合质量比为 20∶1，投加量为 15～20 mg/L（以 PAFC 质量计）。

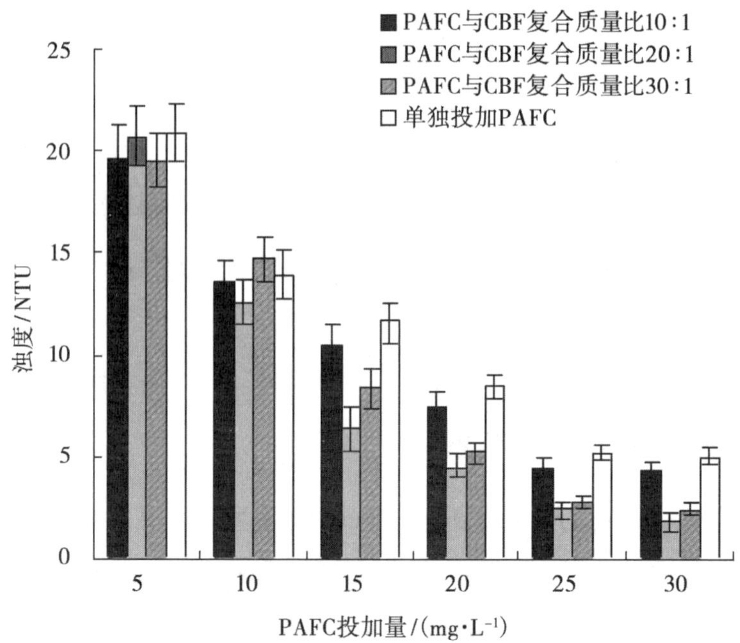

图 3-1　PAFC 与 CBF 复合质量比对浊度去除率的影响

高复合质量比条件下,占比较大的 PAFC 中的阳离子能够有效降低颗粒物的 Zeta 电位的绝对值,但 Zeta 电位的绝对值远离零值时也不利于絮凝;而在低复合质量比条件下,含量较多并带有阴离子基团的 CBF 中和了部分 PAFC 的阳离子,减弱了其吸附电中和作用,不利于复合絮凝剂絮凝作用的发挥。当复合质量比为 20:1 时,能较好发挥 CBF 的吸附架桥作用、PAFC 的吸附电中和作用以及两者多种官能团的协同增效作用,絮凝效果比单独使用 CBF 和 PAFC 时要好。

3.2　PAFC-CBF 结构形态表征

目前对物质结构形态分析的方法较多,但仅依靠一种分析手段难以全面掌握物质的信息,因此将红外吸收光谱分析、X 射线衍射分析与扫描电镜分析相结合,综合考察复合前后絮凝剂的结构变化。

3.2.1　基于红外吸收光谱(FT-IR)分析的结构特征

如图 3-2 所示,CBF 的红外吸收光谱是一个典型的多糖红外吸收光谱图。

特征吸收峰出现在3 343 cm^{-1}、2 926 cm^{-1}、1 654 cm^{-1}、1 116 cm^{-1}、860 cm^{-1}、537 cm^{-1}。其中3 343 cm^{-1}处的宽吸收峰为絮凝剂结构中的—OH伸缩振动的结果；在2 926 cm^{-1}处的吸收峰为絮凝剂结构中的C—H伸缩振动的结果；CBF红外吸收光谱图中1 654 cm^{-1}处的宽吸收峰为—COO—中的C═O非对称伸缩振动的结果；CBF的红外吸收光谱在1 116 cm^{-1}处出现C—O伸缩振动特征吸收峰；860 cm^{-1}处为糖苷键的特征吸收峰。

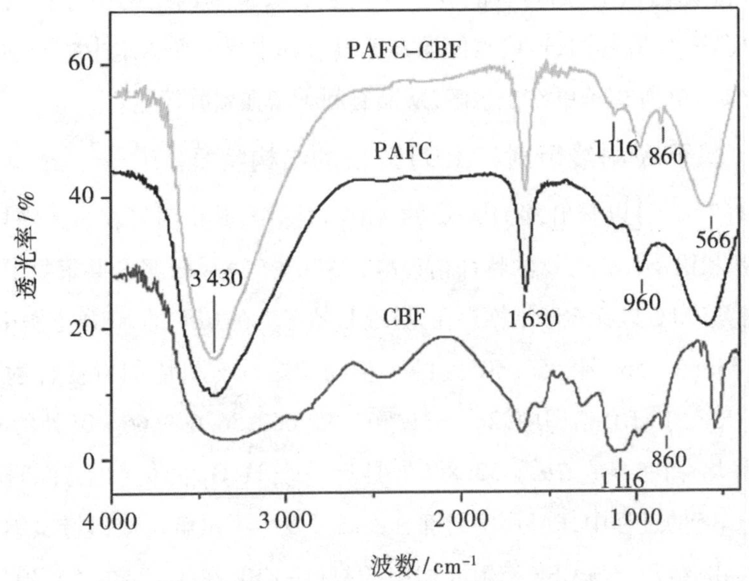

图3-2 PAFC-CBF、PAFC及CBF的红外吸收光谱

PAFC-CBF的红外吸收光谱显示3 300~3 500 cm^{-1}处是水分子的—OH弯曲和伸缩振动的结果，属于强宽吸收峰，1 630 cm^{-1}处为结晶水引起的尖峰，可以看出3 430 cm^{-1}和1 630 cm^{-1}处的两峰分别为吸附的水分子和配位水分子中的基团伸缩振动及弯曲振动的结果，566 cm^{-1}处是Al—O所致的宽吸收峰，960 cm^{-1}处的尖峰为Al—O—Al非对称伸缩振动产生的吸收峰。其中3 300~3 600 cm^{-1}处的峰形发生畸变，这说明絮凝剂结合的羟基和水分子的复杂性，PAFC与PAFC-CBF结构内存在不同强度的O—H和H—O—H的振动。其中PAFC中3 300~3 600 cm^{-1}处存在两个明显的—OH基团伸缩振动峰，为游离羟基和缔合羟基伸缩振动峰，而PAFC-CBF中仅存在一个较宽的—OH基团伸

缩振动峰，与 PAFC 红外光谱比较，该吸收带的峰较宽，说明 PAFC - CBF 中羟基的缔合程度较高，复合絮凝剂的稳定性较好。

PAFC - CBF 的红外吸收光谱与 PAFC 的红外吸收光谱相似，表明存在羟基桥连的铝盐聚合物和铁盐聚合物。由于 CBF 含量相对较低，PAFC - CBF 与 PAFC 红外吸收光谱中特征吸收峰差异较小，而且 PAFC - CBF 中也存在 CBF 的特征吸收峰（1 116 cm^{-1}，860 cm^{-1}），初步说明 CBF 与 PAFC 复合成为一种新的絮凝剂。通过以上分析可知，在微生物复合絮凝剂的结构中存在大量 C═O、—OH、Al—O 等基团，这些官能团在絮凝过程中能够作为水中颗粒的吸附点位，同时 Fe、Al 等离子更易于水解，从而有利于增强絮凝效能。

3.2.2 基于 X 射线衍射（XRD）分析的结构特征

由图 3 - 3 可以看出，在 PAFC 的 XRD 谱图中，其衍射峰较为无序且平滑，未发现铁和铝及其化合物的特征衍射峰，PAFC 中 Fe - Al 羟合共聚物呈现无序状态，说明 PAFC 以无定形结构存在，呈现非晶态。在 CBF 的 XRD 谱图中，2θ = 31.96°、45.66°、56.64°、66.40°处的为生物絮凝剂有机质的特征衍射峰。在 PAFC - CBF 的 XRD 谱图中，2θ = 31.96°、45.66°、56.64°、66.40°处的 CBF 特征衍射峰均存在，且在 2θ = 32.80°处具有一个 Fe_2O_3 的衍射峰，说明在制备 PAFC - CBF 的过程中，PAFC 中的部分铁离子发生了水解反应，且铁、铝等物质成功与 CBF 结合。与 CBF 衍射峰相比，PAFC - CBF 在 31.84° ~ 66.30°处的衍射峰的强度都有所减弱，说明有新的化学键形成于 PAFC 与 CBF 之间，进而形成了新的絮凝剂，这一结果也与红外分析的结果相吻合。PAFC - CBF 特征峰衍射角均略低于 CBF 的特征峰衍射角，这也证明 CBF 成功嵌入了 PAFC，形成了新的复合絮凝剂。

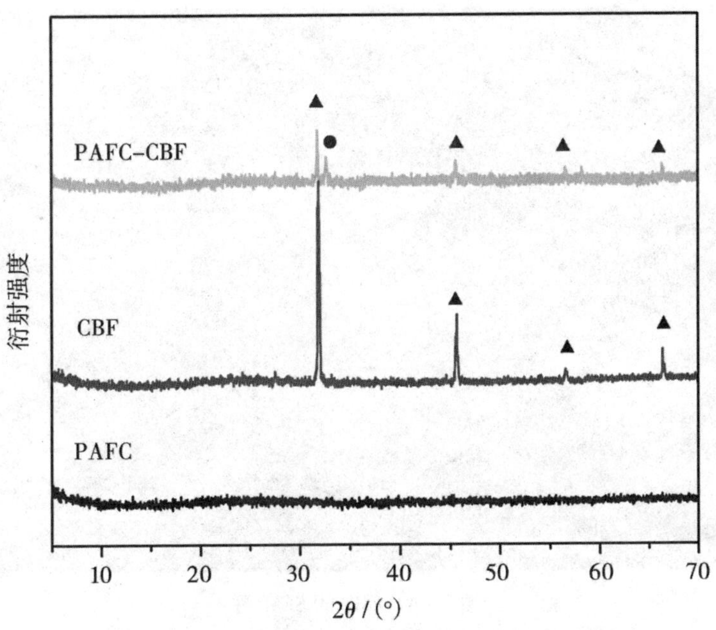

图 3－3 PAFC－CBF、PAFC 及 CBF 的 XRD 谱图

3.2.3 扫描电镜(SEM)观察

采用 SEM 观察了干燥状态下 PAFC－CBF 的表面形貌。CBF 样品的 SEM 结果见图 3－4。CBF 呈多分子缠绕的聚集状态，且分子链间结合紧密，但并非单一的直链结构，而是有很多分支。该结构有效地增加了 CBF 的比表面积，为吸附作用创造了有利的空间结构，同时提供了丰富的结合位点。

PAFC－CBF 的 SEM 结果见图 3－5，对比图 3－4，微生物复合絮凝剂形貌发生了较大变化。从图 3－5 中可以看出，PAFC－CBF 呈现较规则多孔棒状，这可能是由于 PAFC－CBF 以 PAFC 为骨架，CBF 填充于骨架结构中，说明 PAFC 与 CBF 已形成交联结构，该结构的存在增强了复合絮凝剂的吸附和网捕性能。PAFC－CBF 表面存在的簇状群集结构，粗糙度明显增加，存在棒状不规则突起，而粗糙的表面和突起的部分增加了复合絮凝剂表面能和吸附面积，为污染物提供了更加丰富的结合位点，对絮凝剂的吸附性能有增强作用。

图 3-4　CBF 的 SEM 图

图 3-5　PAFC-CBF 的 SEM 图

由于制备过程中加入大量带有阴离子基团的 CBF，而 PAFC 是阳离子型的絮凝剂，PAFC 和 CBF 可能通过静电力彼此吸附，CBF 包裹在 PAFC 表面，形成新的复合絮凝剂,其形成机理还有待进一步研究。

3.3　PAFC – CBF 防腐保质性能研究

山梨酸钾是国内外广泛采用的防腐保鲜剂,防腐效果较好,价格较低廉,来源广泛。山梨酸钾是一种酸性防腐剂,主要目标菌为霉菌、酵母菌及其他好氧性细菌,极易溶于水,抑菌效果比传统的苯甲酸钠高 5 ~ 10 倍,广泛地应用于农产品、烟草、食品、饮料、化妆品和饲料等行业。对羟基苯甲酸丙酯,也称尼泊金丙酯,是国际上采用的安全有效的防腐剂,也是我国重点发展的食品防腐剂之一,防腐效果不易受 pH 值影响,并具有高效、低毒和广谱抗菌等特点,主要应用在食品及化妆品等行业,但较贵的价格限制了其大规模应用。

以 PAFC 与 CBF 复合质量比为 20∶1 的 PAFC – CBF 为实验材料,通过考察絮凝率及菌落总数的变化,探讨防腐剂种类及添加量对 PAFC – CBF 防腐保质方面的影响。

3.3.1　防腐剂对絮凝率稳定性的影响

(1) 山梨酸钾对絮凝率稳定性的影响。

由图 3 – 6 可看出,PAFC – CBF 絮凝率随着保存时间的延长逐渐下降,对照组随着保存时间的延长絮凝率下降较大,在 240 d 以后下降趋势渐缓,到 360 d 时,最终絮凝率为 81.09%。含不同质量浓度的山梨酸钾的 PAFC – CBF 处理组絮凝率均好于对照组,在初期(90 d 以内),不同添加浓度处理组絮凝率比较稳定,絮凝率基本在 99.00% 以上,90 d 以后,不同添加浓度处理组絮凝率均开始下降,并且不同添加浓度处理组絮凝率下降幅度不同,添加 1.00 g/L 山梨酸钾的处理组絮凝率一直高于其他两个添加浓度处理组,三个不同添加浓度处理组在 285 d 以后下降趋势均不明显。在 360 d 时,添加浓度为 1.00 g/L 的山梨酸钾的处理组絮凝率最高,为 96.25%;其次是添加浓度为 0.50 g/L 的山梨酸钾的处理组,絮凝率为 92.73%;最后为添加浓度为 0.25 g/L 的山梨酸钾的处理组,絮凝率为91.10%。从结果可以看出添加山梨酸钾后 PAFC – CBF 的絮凝率均保持较高水平,三组添加山梨酸钾的实验结果均高于对照组结果 10 个百分点以上,说明山梨酸钾对微生物复合絮凝剂具有延长使用时间的效果。

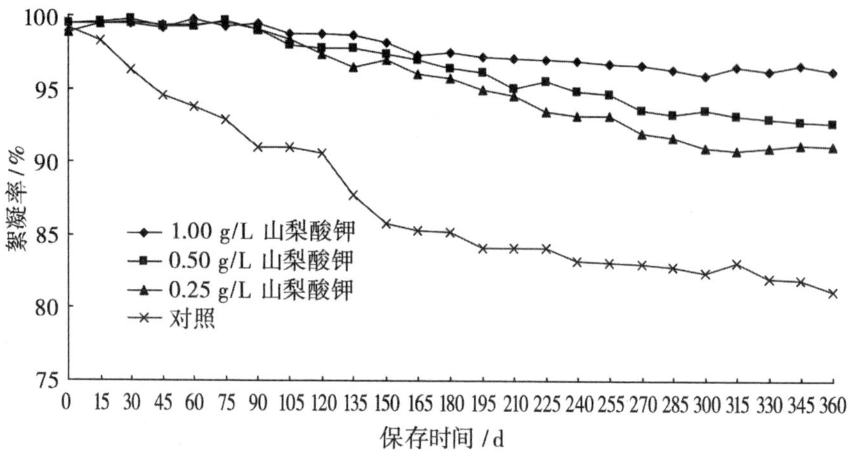

图 3-6 山梨酸钾对絮凝率稳定性的影响

从以上结果中可以看出，添加山梨酸钾对 PAFC-CBF 的絮凝率的降低起到了一定的抑制作用。初步推断是由于山梨酸钾抑制了酸化腐败菌的大量生长，尤其是抑制了霉菌及酵母菌的生长，从而使腐败菌降解有效絮凝成分的速率下降，确保了絮凝率的稳定性。

（2）山梨酸钾与对羟基苯甲酸丙酯钠复合防腐剂对絮凝率稳定性的影响。

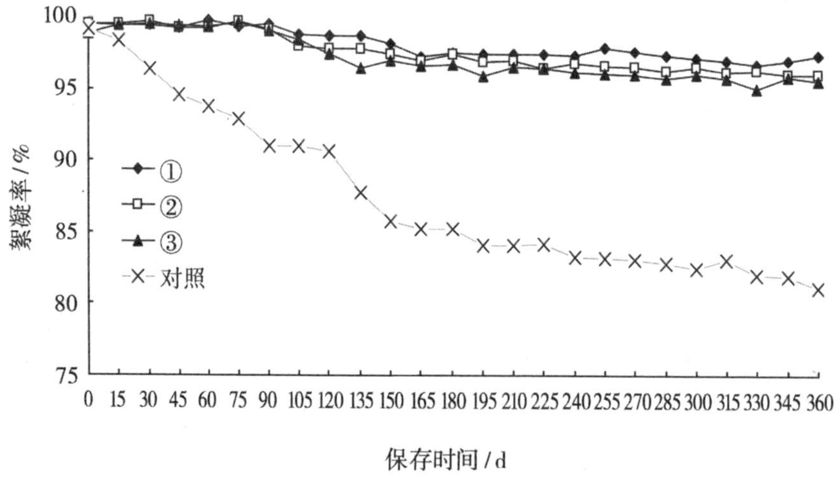

图 3-7 山梨酸钾与对羟基苯甲酸丙酯钠复合防腐剂对絮凝率稳定性的影响

注：① 0.5 g/L 山梨酸钾 + 0.25 g/L 对羟基苯甲酸丙酯钠；② 0.25 g/L 山梨酸钾 + 0.125 g/L对羟基苯甲酸丙酯钠；③ 0.125 g/L 山梨酸钾 +0.063 g/L 对羟基苯甲酸丙酯钠。

由图3－7可看出,絮凝率随着保存时间的延长逐渐下降,对照组随着保存时间的延长絮凝率下降较大。含不同浓度复合防腐剂的PAFC－CBF处理组絮凝率均好于对照组,在105 d以内,不同添加浓度处理组絮凝率比较稳定,保持较高絮凝率,絮凝率基本在99.00%以上。105 d以后,不同添加浓度处理组絮凝率均开始缓慢下降,下降幅度随着添加浓度增大而变小。不同添加浓度的絮凝率下降幅度差别不大,添加0.5 g/L山梨酸钾＋0.25 g/L对羟基苯甲酸丙酯钠复合防腐剂的处理组絮凝率一直高于其他两个添加浓度处理组,三个不同添加浓度处理组在165 d以后下降趋势均不明显。360 d时,添加0.5 g/L山梨酸钾＋0.25 g/L对羟基苯甲酸丙酯钠的处理组絮凝率最高,为97.42%;其次是添加0.25 g/L山梨酸钾＋0.125 g/L对羟基苯甲酸丙酯钠的处理组,絮凝率为96.03%;最后为添加0.125 g/L山梨酸钾＋0.063 g/L对羟基苯甲酸丙酯钠的处理组,絮凝率为95.60%。最高絮凝率与最低絮凝率差值为1.82个百分点,说明在复合絮凝剂添加浓度较低时就能获得较好絮凝效果,此时对照组絮凝率最低,为81.09%。

《食品添加剂使用卫生标准》(GB 2760—2014)中对对羟基苯甲酸酯类在果汁饮料中的最大使用量规定为0.25 g/kg,山梨酸钾类在饮料中的最大使用量为0.5 g/kg(以单独用量计)。复合防腐剂对絮凝率的影响实验组中各成分的最大添加量均未超过《食品添加剂使用卫生标准》(GB 2760—2014)中规定的最大添加量,符合食品级添加标准。

3.3.2 防腐剂对菌落总数的影响

(1)山梨酸钾对菌落总数的影响。

从图3－8中可以看出,添加山梨酸钾对PAFC－CBF中的微生物增长有很好的抑制作用。对照组随着保存时间的延长,菌落数增长较多,菌落总数在12个月时达到8.2×10^4 CFU/ mL。抑制细菌的效果随着添加山梨酸钾浓度的增加而增强,而从4个月开始,添加山梨酸钾处理组之间菌落总数差异比较大,随着保存时间的延长,菌落总数差异持续增大。在12个月时,添加山梨酸钾浓度为1.00 g/L的处理组,菌落总数最小,为1.0×10^4 CFU/ mL,添加山梨酸钾浓度为0.25 g/L的处理组与其他处理组相比,菌落总数最大,为5.3×10^4 CFU/ mL。

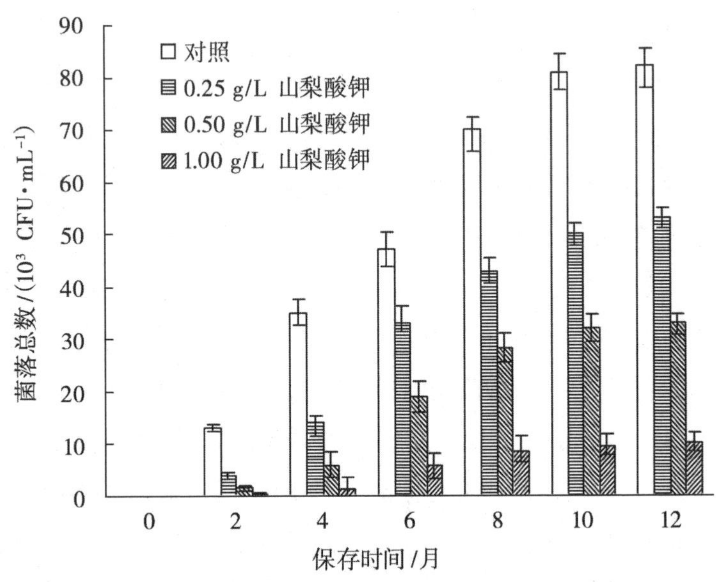

图3－8　山梨酸钾对菌落总数的影响

从以上结果中可知，山梨酸钾对 PAFC－CBF 内的菌落总数有明显的抑制作用，而菌落数量与絮凝率有一定相关性。PAFC－CBF 发酵液本身含有大量碳源、磷源及氮源，适宜微生物的生长繁殖，在 2 个月时对照组已经出现初步的酸化腐败的现象，在 6 个月时腐败程度较为明显。添加山梨酸钾防腐剂可以延缓腐败现象的发生，山梨酸钾的抗菌性能较强，对霉菌、酵母菌等微生物具有较好的抑制效果，抑菌机理是利用自身的双键与微生物细胞中酶的巯基形成共价键，使酶丧失活性，从而抑制微生物的生长。

(2)山梨酸钾与对羟基苯甲酸丙酯钠复合防腐剂对菌落总数的影响。

从图 3－9 中可以看出，添加复合防腐剂对 PAFC－CBF 中的微生物增长有很好的抑制作用。抑制菌落数的效果随着添加山梨酸钾浓度的增加而增强，在保存 4 个月时，添加复合防腐剂处理组之间菌落总数有一定差异，特别是添加 0.125 g/L 山梨酸钾 ＋0.063 g/L 对羟基苯甲酸丙酯钠的处理组与添加 0.25 g/L 山梨酸钾＋0.125 g/L 对羟基苯甲酸丙酯钠的处理组和添加 0.5 g/L 山梨酸钾＋ 0.25 g/L 对羟基苯甲酸丙酯钠的处理组相比差异较大，随着保存时间的延长，菌落总数差异持续增大，在 12 个月时，添加 0.5 g/L 山梨酸钾＋

0.25 g/L 对羟基苯甲酸丙酯钠的处理组菌落总数最小，为 7.7×10^{3} CFU/ mL，添加0.125 g/L 山梨酸钾 +0.063 g/L 对羟基苯甲酸丙酯钠的处理组与其他处理组（除对照组）相比，菌落总数最大，为 2.8×10^{4} CFU/ mL。而添加 0.25 g/L 山梨酸钾 +0.125 g/L 对羟基苯甲酸丙酯钠的处理组与添加 0.5 g/L 山梨酸钾 +0.25 g/L 对羟基苯甲酸丙酯钠的处理组差异较小，说明添加0.25 g/L 山梨酸钾 +0.125 g/L 对羟基苯甲酸丙酯钠的处理组有很好的抑菌效果，并且持久性较好。

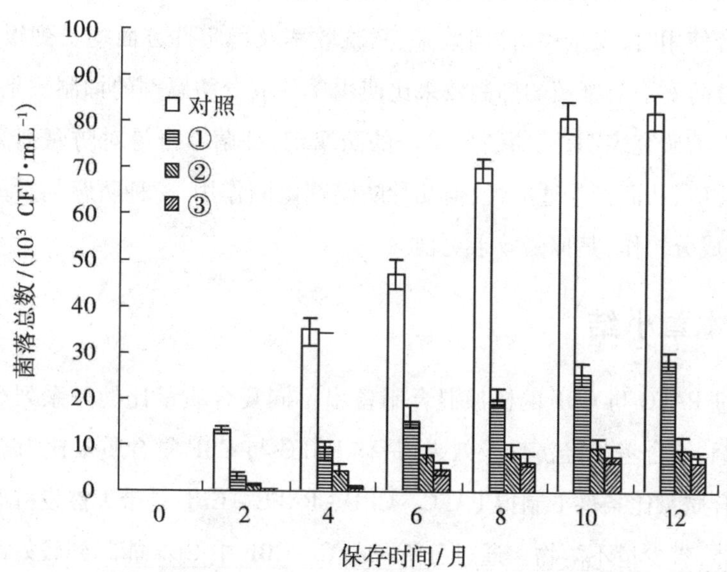

图3-9 山梨酸钾与对羟基苯甲酸丙酯钠复合防腐剂对菌落总数的影响

注：① 0.125 g/L 山梨酸钾 +0.063 g/L 对羟基苯甲酸丙酯钠；② 0.25 g/L 山梨酸钾 + 0.125 g/L 对羟基苯甲酸丙酯钠；③ 0.5 g/L 山梨酸钾 + 0.25 g/L 对羟基苯甲酸丙酯钠。

从以上结果中可知，添加复合防腐剂对生物复合絮凝剂发酵液的菌落总数有明显的抑制作用，而菌落数量与絮凝剂的絮凝率有一定相关性。絮凝剂发酵液本身含有大量碳源、磷源及氮源，适宜微生物的生长繁殖，在2个月时对照样品已经出现初步的酸化腐败的现象，在6个月时腐败程度较为明显。添加复合防腐剂可以延缓腐败现象的发生，对羟基苯甲酸丙酯钠的作用机制为：破坏微生物的细胞膜并使蛋白质变性，还可以干扰细胞内的呼吸酶系与电子传递酶系,抑制酶的活性,从而破坏微生物的生物化学反应,影响其能量代谢系统,达到抑制微生物生长的目的。由于对羟基苯甲酸丙酯钠分子内的羧基已经酯化,不再电离,对位酚基的电离程度也很小,因此其在偏酸性条件下具有良好的抑菌效果。两者复合使用能够弥补彼此的缺点,发挥各自的优势,如山梨酸钾在中性及弱碱性条件下抑菌效果较差,而对羟基苯甲酸丙酯类在酸性条件下抑菌效果一般。两者复合使用,扩大了在不同 pH 值条件下的应用范围,并通过协同增效作用提高其防腐能力。国内外大量的实际应用也证实了对羟基苯甲酸丙酯钠与山梨酸钾混合使用时,可共同发挥其各自优势,起到协同抑菌作用。当两者复合使用时,安全性、抑菌效果、絮凝效率及稳定性方面均得到很大提升,使用复合防腐剂对细菌的抑制效果比使用单一成分防腐剂的抑制效果更理想。李涛等人的研究表明,长期使用单一的防腐剂,细菌本身易对防腐剂产生一系列应激反应,从而产生适应性,但几种防腐剂协同作用,一种防腐剂发挥主要作用,其余成分协作,其抑菌效果更佳。

3.4　本章小结

通过 PAFC 与 CBF 的机械混合制备出不同复合质量比的一系列微生物复合絮凝剂,综合考虑经济性及效果,最佳 PAFC 与 CBF 复合质量比为 20 : 1,并在此复合质量比条件下制得 PAFC - CBF。PAFC - CBF 是带天然发酵香味的淡棕色液体,带少量不溶物。通过分析,PAFC - CBF 中 CBF 能起到较好的助凝增效作用,能充分发挥 CBF 的吸附架桥作用、PAFC 的吸附电中和作用以及两者多种官能团的协同增效作用,絮凝效果好于单独使用 CBF 和 PAFC 的絮凝效果。在不添加其他助凝剂的情况下,PAFC - CBF 能发挥出高效絮凝性能。

通过红外吸收光谱、X 射线衍射与扫描电镜等表征手段对 PAFC - CBF 进行分析,结果显示,PAFC - CBF 与 PAFC、CBF 的结构及形态差异较大。通过红外吸收光谱特征峰、XRD 衍射峰以及 SEM 分析对比,表明 CBF 成功嵌入 PAFC,形成新的复合絮凝剂,且具有两者共同的结构特征。

在微生物复合絮凝剂防腐保质实验中,通过对絮凝率、菌落总数指标的考察,并参考防腐剂市场价格及微生物絮凝剂生产企业标准,确定添加 0.50 g/L

山梨酸钾能够有效延长PAFC－CBF保质期到12个月。从添加山梨酸钾与对羟基苯甲酸丙酯钠复合防腐剂的实验结果中可以看出，使用复合防腐剂，不但能有效降低防腐剂的用量、减少对人体的不良影响，还可以提高抗菌的效率。综合价格、絮凝率稳定性和菌落总数等因素，并根据微生物絮凝剂生产企业标准，确定添加0.125 g/L山梨酸钾＋0.063 g/L对羟基苯甲酸丙酯钠为最佳防腐剂添加浓度，PAFC－CBF保质期能够达到12个月。

第4章　PAFC－CBF絮凝特性及絮凝机理研究

4.1　絮凝过程中[Al＋Fe]水解形态

一般认为，中等聚合度的Al和Fe是无机絮凝剂的最佳絮凝成分，其产品的絮凝性能可通过中等聚合物含量多少来反映。随着复合絮凝剂的开发和应用越来越广泛，研究复合絮凝剂中金属阳离子的形态分布对分析复合絮凝剂絮凝效能及机理显得尤为重要。因此，絮凝过程中[Al＋Fe]的水解形态将直接决定生物复合絮凝剂的絮凝性能。

本节采用Ferron逐时络合比色法研究了PAFC－CBF($n=20$)(n为PAFC与CBF的复合质量比)在絮凝过程中[Al＋Fe]的形态分布，具体考察了复合质量比、温度及pH值等条件对[Al＋Fe]形态分布的影响，为阐明PAFC－CBF絮凝机理提供参考。依据前期实验结果，投加量为20 mg/L(以PAFC计)，原水指标：浊度25.20 NTU，水温13.22 ℃，pH值6.9。

4.1.1　CBF对Ferron显色剂体系空白吸光度的影响

取6个25 mL容量瓶各加入5.5 mL Ferron混合比色液，再分别加入0 mL、0.5 mL、1.0 mL、1.5 mL、2.0 mL和2.5 mL CBF发酵液，以蒸馏水为参比液在波长362 nm处测其吸光度，结果见表4－1。

表 4-1 CBF 对 Ferron 显色剂体系吸光度的影响

CBF 添加量/ mL	吸光度
0	0.305
0.5	0.310
1.0	0.307
1.5	0.299
2.0	0.301
2.5	0.305

从表 4-1 中可以看出,加入 CBF 对 Ferron 显色剂体系的空白吸光度基本没有影响。CBF 与 Ferron 显色剂混合后,吸光度比较稳定,可以判断两者不发生任何化学反应,故引入 CBF 对 Ferron 显色剂体系的空白吸光度影响较小,因此采用 Ferron 逐时络合比色法测定 PAFC-CBF 中[Al+Fe]的形态分布时,CBF 与 Ferron 显色剂之间的相互作用可以不予考虑。

4.1.2 不同复合质量比对[Al+Fe]形态分布的影响

笔者设置了单独投加 PAFC 以及 $n=10$、$n=20$ 和 $n=30$ 的微生物复合絮凝剂,考察了不同复合质量比对[Al+Fe]的水解形态分布的影响,实验结果如图 4-1 所示。

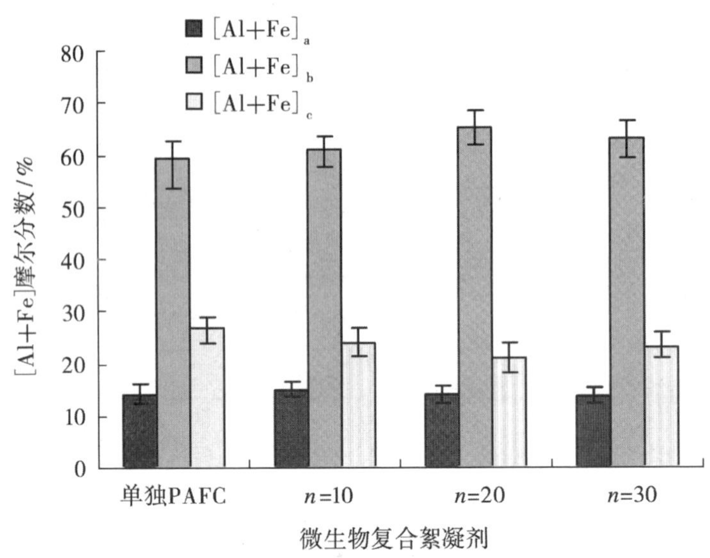

图 4-1　不同复合质量比对[Al+Fe]形态分布的影响

注：n 为 PAFC 与 CBF 的复合质量比。

如图 4-1 所示，不同复合质量比的微生物复合絮凝剂之间，以及不同复合质量比的微生物复合絮凝剂与单独投加 PAFC 之间，[Al+Fe]水解形态分布变化不明显。随着比例的变化，图中所示三种组分的含量均出现微小变动，因此 CBF 的引入对絮凝过程中[Al+Fe]形态分布并没有明显影响，而 PAFC 与 CBF 的不同复合质量比对[Al+Fe]水解形态分布有一定影响。其中 PAFC 与 CBF 的三种复合质量比对$[Al+Fe]_b$摩尔分数的影响随着比例的增大呈现出先增大后减小的趋势，在复合质量比为 20 时达到最大，此时$[Al+Fe]_b$为 65.1%，大于复合质量比为 30 时的$[Al+Fe]_b$，而单独投加 PAFC 处理组的$[Al+Fe]_b$的含量最低，仅为 59.2%；而无效组分$[Al+Fe]_c$变化趋势是先减小后略有增大。当复合质量比为 10 时，各组分中$[Al+Fe]_b$含量最低，$[Al+Fe]_c$含量最高，因此絮凝效果相应较差。从有效组分$[Al+Fe]_b$含量高低来判断，复合质量比为 20 时 PAFC-CBF 在絮凝过程中水解生成较多的$[Al+Fe]_b$。

控制水解成分是絮凝过程中提高絮凝效果的一种有效措施。无机高分子絮凝剂通过预聚合方式来控制絮凝水解过程的水解成分。冬季低温条件下进行絮凝时，水解很慢，可通过催化水解来控制水解成分，以提高絮凝效率、降低残铝浓度。从以上结果中看出,一定的复合质量比有利于有效组分[Al + Fe]$_b$的生成,推测原因为微生物复合絮凝剂上的带氧原子官能团与水中单体或低聚物上的氢原子配位,减少了[Al + Fe]$_a$ 含量,而[Al + Fe]$_b$ 含量相应增加,絮凝效果进一步增强。

4.1.3 pH 值对[Al + Fe]形态分布的影响

pH 值对 Al、Fe 及其水解形态有很大影响,pH 值过低将导致 Al、Fe 聚合物的酸解,过高则会进一步水解聚合,产生影响测定结果的瞬时形态变化。实验选取固定投加量的 PAFC - CBF(n = 20),根据前期实验结果,考察 pH 值为 5.0 ~9.0 时絮凝过程中的[Al + Fe]形态分布,pH 值对[Al + Fe]形态分布的影响结果如表 4 -2 所示。

表 4 -2　pH 值对 PAFC - CBF(n = 20)中[Al + Fe]形态分布的影响

pH 值	摩尔分数/%		
	[Al + Fe]$_a$	[Al + Fe]$_b$	[Al + Fe]$_c$
5.0	29.11	45.46	25.43
6.0	19.05	52.61	28.34
7.0	9.85	60.32	29.83
8.0	1.82	61.39	36.79
9.0	0.51	62.52	36.97

从表 4 -2 中可以看出,在温度为 20 ℃的条件下,随着 pH 值的不断增大,[Al + Fe]$_b$和[Al + Fe]$_c$ 的含量均逐渐增加,而复合体系中[Al + Fe]$_a$ 的含量则显著减少,在 pH 值为 9.0 时,[Al + Fe]$_a$ 的摩尔分数仅为 0.51% 。随着 pH 值增大,体系中 OH^- 的浓度增大,造成自由离子和单核羟基配位化合物的含量减

少，因此中间多核羟基配位化合物和高聚物就相应增多，易与 Ferron 试剂反应的配位化合物$[Al+Fe]_a$减少，而难与 Ferron 试剂反应的配位化合物$[Al+Fe]_c$则增多。但当 pH 值大于 7.0 时，$[Al+Fe]_b$ 的含量增加趋势不明显，因此当原水为中性或者弱碱性时，有利于微生物复合絮凝剂对水中污染物的去除。

4.1.4 温度对[Al+Fe]形态分布的影响

根据实际水温变化情况，测定 pH 值为 7.0 时，不同温度（5 ℃、15 ℃、25 ℃）对 PAFC－CBF（$n=20$）中[Al+Fe]水解形态分布的影响，实验结果如表 4－3 所示。

表 4－3 温度对 PAFC－CBF（$n=20$）中[Al+Fe]形态分布的影响

T/℃	摩尔分数/%		
	$[Al+Fe]_a$	$[Al+Fe]_b$	$[Al+Fe]_c$
5	12.2	60.4	27.4
15	10.5	61.2	28.3
25	9.9	61.7	28.4

从表 4－3 中可以看出 pH 值为 7.0 时，反应温度对复合絮凝剂中[Al+Fe]的形态分布影响较小。随着反应温度的升高，有效组分$[Al+Fe]_b$ 的含量基本保持稳定，不同温度的有效组分含量差异不显著，而$[Al+Fe]_a$ 的含量明显减少，不变组分$[Al+Fe]_c$ 的含量增加。特定 pH 值条件下，随着水温的升高，水的离子积不断增大，由于溶液中的 H^+ 浓度基本保持恒定，溶液中 OH^- 的浓度也呈现上升趋势。从以上分析可知，地表水温度从低温到高温变化时，温度对[Al+Fe]形态分布影响较小，进一步证明温度对微生物复合絮凝剂的絮凝效果影响较小，即使在低温情况下仍然能获得较好的絮凝效果。

4.2　PAFC－CBF 絮体形成过程研究

絮体生长速度可以决定其在构筑物中的水力停留时间,进而影响其整体处理能力,而絮体粒径对固液分离效果有较大影响,最终影响整个工艺处理效率。因此,研究絮体生长速度及絮体粒径就对絮凝剂在水处理中的应用具有重要意义。

本章利用激光粒度仪对絮凝过程中的絮体粒径随时间的变化进行在线监测,考察了单独投加 PAFC、PAFC－CBF($n=10$)、PAFC－CBF($n=20$)及 PAFC－CBF($n=30$)对絮体形成过程及絮体粒径的影响。实验中絮体的粒径采用中位粒径 d_{50}进行表征。本章实验所用水样为某江原水,絮凝剂投加量均固定为 20.0 mg/L,实验结果如图 4－2 所示。

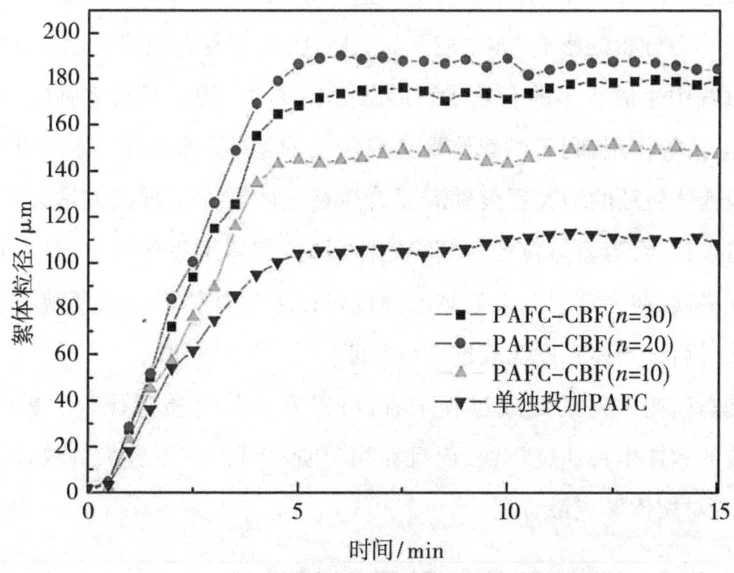

图 4－2　不同复合质量比对絮体形成过程的影响

由图 4－2 可以看出,絮凝过程可以分为 3 个阶段:停滞期、快速增长期和稳定期。停滞期,絮凝剂与原水充分混合,其水解产物与原始颗粒发生反应,在此阶段,絮体大小变化较小。快速增长期,随着慢速搅拌的开始,反应时间延长,絮体粒径迅速增大,当絮凝时间从 30 s 延长至 5 min 时,絮体粒径由

2.263 μm 增大到108.349 ~ 184.238 μm。在此阶段,原始颗粒表面所带的负电荷被 PAFC 所带的大量正电荷中和,粒子之间相互碰撞形成较大的絮体;同时,CBF 的强化作用加强了体系的吸附架桥作用,可以使较小的颗粒吸附在大颗粒上,从而使絮体尺寸不断增大。絮凝时间超过 5 min 时,继续延长絮凝时间,絮体大小几乎不发生变化,此时絮体生长已处于稳定期。在该阶段,絮凝过程为絮体生长和破碎的动态平衡过程。从图中可以看出,微生物复合絮凝剂无论投加的复合质量比如何,投加后絮体粒径均比单独投加 PAFC 实验组大,增大了 40 ~ 80 μm。这表明 CBF 在絮凝过程中发挥了吸附架桥作用,使絮体生长加快、粒径增大。

同时,复合质量比对絮体的生长过程产生了一定影响,复合质量比较大的 PAFC - CBF 所形成的絮体生长速度较快,如复合质量比为 $n = 30$ 和 $n = 20$ 时,絮体生长速度较快,但差别并不明显。这一结果与“4.1.2 不同复合质量比对[Al + Fe]形态分布的影响”相对应。如前所述,一定复合质量比的 PAFC - CBF 在絮凝过程中生成较多的有效水解形态$[Al + Fe]_b$,因而具有较强的吸附电中和、吸附架桥等作用,利于微絮体聚集成较大的絮体。从图 4 - 2 中可以看出,稳定阶段絮体粒径的增大程度随着复合质量比的增加呈现出先增大后减小的趋势。可以认为,当絮体粒径达到稳定阶段时,絮体聚集作用力与水力剪切作用力相互平衡,在一定程度上絮体的强度可以通过絮体粒径来反映,但该结论还有待通过后续絮体强度实验进一步验证。

从动态监测条件的形成过程来看,可以发现复合质量比较大的 PAFC - CBF 形成的絮体生长速度较快,而且在稳定阶段可以获得较大的粒径,复合质量比为 20 对絮体形成最有利。

4.3 PAFC - CBF 絮体破碎再絮凝特性

在实际生产过程中,具有较大剪切力的区域普遍存在于给水处理厂各构筑物单元。当絮体暴露在较大的剪切力条件下时会被打碎,打碎后形成的小颗粒在沉淀池中去除率降低,影响后续工艺的处理效能。因此,絮体的抗破损能力、恢复能力以及絮体的表面形态等是评价絮凝剂性能的重要因素。在地表水的絮凝过程中,PAFC - CBF 絮体是在 CBF 和 PAFC 的协同作用下形成的,因此絮体的结构特性取决于 CBF 和 PAFC 两种组分的比例和性质。本节研究不同复合质量比条件下絮体形态变化以及絮体在大剪切力条件下絮体粒径的变化、破碎后的恢复情况,絮体的粒径采用中位粒径 d_{50} 进行表征。

4.3.1 PAFC - CBF 絮体表面形态

微生物复合絮凝剂絮体的扫描电镜照片(图 4 - 3)显示 CBF 的引入对絮体结构造成了较大影响。图 4 - 3(a)显示的为单独添加 PAFC 的絮体表面形态,这些絮体形成一种较为松散的结构,絮体之间的边界不是很明显。图 4 - 3(b)为微生物复合絮凝剂的絮体表面形态照片,絮体变得更加密实,而且它们之间的边界明显,絮体表面有胞外聚合物(EPS)包裹的痕迹,一方面增加了其吸附架桥作用,另一方面加强了对污染物质的吸附能力。同时在 PAFC - CBF 絮体表面可以看到由于 CBF 的作用而出现的很多微小孔,这些孔增强了絮体的吸附性质,絮体更加密实,这显著改善了絮体的沉降性能,增强了去除污染物的能力,达到了 CBF 强化絮凝的目的。

(a)

(b)

图 4-3　生物复合絮凝剂絮体的 SEM 图

(a)PAFC 絮体(对照);(b)生物复合絮凝剂絮体。

4.3.2　絮体的形成、破碎及恢复过程分析

从图 4-4 中可以看出,PAFC 与 CBF 不同复合质量比的微生物复合絮凝剂生成的絮体粒径随着絮凝过程的进行均呈现出相同的变化趋势。在慢搅阶段絮体粒径先逐渐增大,5 ~6 min 时絮体粒径达到峰值,此时絮体的生长与破碎达到平衡,絮体粒径进入稳定阶段。复合质量比为 20 的微生物复合絮凝剂絮体粒径增长速度最快且粒径最大,接近 190 nm;复合质量比为 30 的微生物复合絮凝剂絮体生长速度略慢且粒径略小;复合质量比为 10 的微生物复合絮凝剂絮体在三组中生长速率最慢且粒径最小,但比单独投加 PAFC 的对照组的絮体生长速率快且粒径大。以上结果说明 CBF 强化絮凝效果明显,复合质量比为 20 的微生物复合絮凝剂更有利于絮体生成及改善絮体沉降性。

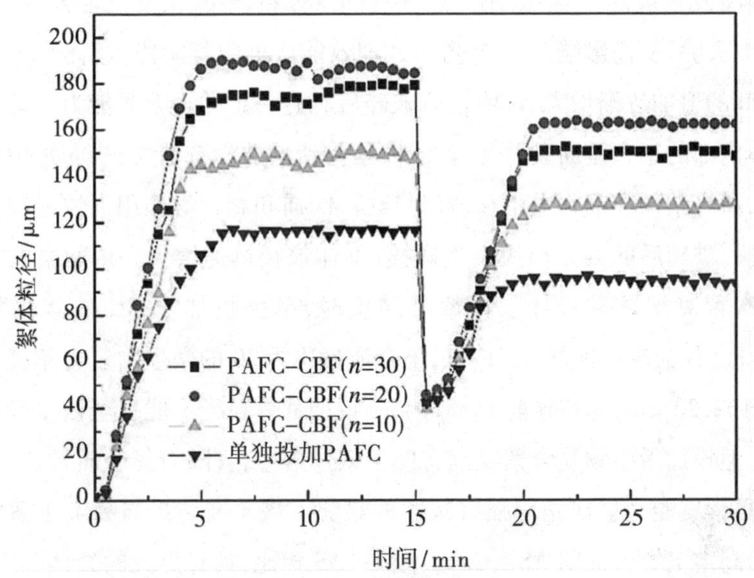

图4-4 不同复合质量比的微生物复合絮凝剂对絮体生长-破碎-再生过程的影响

当转速增大到400 r/min时，絮体粒径急剧变小，进入絮体破碎阶段。当转速降低到40 r/min，再次进入慢搅阶段时，破碎后的絮体又重新聚集，粒径不断增大，最终稳定不变。从图4-4中看出，破碎开始后，絮体粒径急剧减小，破碎0.5 min时，复合质量比为20的微生物复合絮凝剂絮体粒径由184.03 μm下降到39.47 μm。絮体恢复时间比第一次絮体形成时间略短，破碎-再生过程中絮体生长和粒径变化规律与破碎前保持一致，但恢复后的絮体粒径均小于破碎前的絮体粒径。复合质量比为20的微生物复合絮凝剂絮体粒径增长速度最快，且粒径最大，恢复能力最强。这表明适量的CBF的吸附架桥作用有助于加快絮体生长，在微絮体存在的情况下，增大絮体粒径效果显著。而复合质量比为30时，CBF投加量过小，网捕及卷扫作用未完全发挥，增大絮体的效果略差。复合质量比为10时，CBF投加量过多，不利于絮体生长，这是由于CBF投加过量，会与PAFC竞争颗粒物上面的吸附位点，CBF与颗粒物结合后阻碍了颗粒物形成微絮体，由于颗粒物间带有同种电荷，彼此间的静电排斥力较大，故形成的絮体结构比较松散，絮体粒径较小。

由于絮体极易破碎，当作用于絮体表面的剪切力大于絮体内部的结合力时，絮体将发生破碎，粒径减小。破碎后的絮体粒径小、沉降性能差，在沉淀过程中难以去除，从而影响后续工艺的处理效能。再絮凝阶段，絮体粒径均随着搅拌时间的增加逐渐增大，说明絮体破碎后具有一定的再絮凝能力。絮体破碎后，絮体内部的结合键断裂并暴露在外，絮体活性并没有消失，当向水中投加絮凝剂时，微小絮体在吸附电中和、吸附架桥、网捕和卷扫等作用下快速凝聚。再絮凝阶段，破碎后的絮体很快发生碰撞，絮体粒径迅速增大。再絮凝的絮体粒径比首次絮凝絮体粒径小。再絮凝结束时，单独投加 PAFC 的絮体粒径为 93.28 μm，仅为破碎前的 80.17%，复合质量比为 20 的微生物复合絮凝剂絮体粒径为 162.20 μm，为破碎前的 88.04%，说明絮体粒径不能完全恢复到破碎前的水平，但投加微生物复合絮凝剂有助于絮体再生，且随着复合质量比的增大，絮体的再絮凝能力呈现先增强后减弱的趋势。该研究结果与高宝玉研究结果相吻合，高宝玉等人证明 AS - CBF 与单一 AS 相比，具有更大的絮体强度、更好的絮体恢复能力，而其另一研究表明 PAFC 与 CBF 联合使用可以有效增强絮体的恢复能力。

4.3.3 PAFC - CBF 絮体强度及恢复能力

本节采用不同复合质量比的微生物复合絮凝剂进行絮凝实验，首先对慢搅结束后的絮体施加较短时间的高速搅拌，利用高剪切力使絮体破碎，然后再恢复至与絮体生长阶段相同的水力条件，考察单独添加 PAFC 与不同复合质量比（$n=10$、$n=20$、$n=30$）的微生物复合絮凝剂的絮体强度及恢复能力，并测定 Zeta 电位，研究其与絮体强度及恢复能力之间的关系。

如表 4 - 4 所示，再搅拌导致絮体产生破碎现象，絮体的粒径减小，但在随后的慢搅拌过程中，絮体的粒径得到部分恢复，且其恢复后的粒径均小于破碎前的粒径。单独添加 PAFC 产生的絮体强度因子大于微生物复合絮凝剂产生的絮体强度因子，但恢复因子却小于后者。从破碎因子、强度因子和恢复因子来看，单独投加 PAFC 的絮体强度较大，不易破碎，但破碎后的恢复程度小于不同复合质量比的微生物复合絮凝剂。对于不同复合质量比的微生物复合絮凝剂，强度因子随着复合质量比的增大而减小，恢复因子呈现先增大后减小的趋势，而破碎因子随着复合质量比的增大而增大。说明微生物复合絮凝剂所生成絮体的强度略小于单独添加PAFC生成的絮体的强度，但破碎后的絮体易于恢复，有利于再絮凝，其最大恢复因子为84.11%，而单独添加PAFC的恢复因子仅为68.90%。对于单独添加PAFC所生成的絮体，尽管其强度因子较大，为36.25%，但破碎后难以恢复，不利于再絮凝。通过前期实验发现，单独添加PAFC破碎-恢复后絮体残余较大，浊度相应升高，而微生物复合絮凝剂破碎-恢复后残余浊度升高不大。破碎-恢复后各处理组絮体的粒径相应地减小，与张忠国等人的研究结果一致。

表4-4 不同复合质量比的微生物复合絮凝剂的絮体破碎因子、强度因子、恢复因子及Zeta电位

投加物	复合质量比	破碎因子/%	强度因子/%	恢复因子/%	上清液Zeta电位/mV
单独添加PAFC	—	63.75	36.25	68.90	-9.64
PAFC-CBF	10	73.20	26.80	82.51	-14.73
PAFC-CBF	20	75.27	24.73	84.11	-12.97
PAFC-CBF	30	76.32	23.68	77.51	-10.51

如上所述，可以看出絮体的强度因子与絮体的强度正相关，恢复因子与絮体恢复能力正相关。关于絮体强度与Zeta电位的关系，Sharp等人在使用铁盐絮凝剂对地表水进行研究时，发现Zeta电位是影响絮体强度及絮凝效果的重要因素之一，Zeta电位越接近于0 mV，絮体强度越大，相应地絮凝效果也越好。由表4-4可知，单独投加PAFC时，絮体强度最大，此时其Zeta电位也最接近0 mV，这与Sharp等人的研究结果一致。PAFC-CBF的投加可显著提高絮体的恢复因子，而随着复合絮凝剂复合质量比的增大，Zeta电位绝对值出现了由大变小的过程，但绝对值均大于单独投加PAFC的处理组，恢复因子随着复合质量比的增大呈现先增大后减小的趋势。微生物絮凝剂作为生物大分子物质，具

有带电性和高分子量的特征,含有较多的活性官能基团。因此其大分子物质将破碎后的微小絮体通过吸附架桥作用进一步聚集,形成较大颗粒物,由于胶体颗粒物的吸附位点部分破坏或者被其他物质覆盖,影响絮体粒径恢复成破坏前原始絮体大小。分析实验结果可以得出,絮体生成－破碎－恢复的整个过程为:水中胶体颗粒物在投加的 PAFC 的强吸附电中和作用下脱稳聚集形成微絮体,然后微絮体在 CBF 的吸附架桥作用下聚集长大。絮体在大剪切力作用下破碎,与此同时微生物絮凝剂的长链也可能发生断裂,吸附在颗粒表面的生物高分子物质重排,生物高分子上的吸附位点重新暴露,并与破碎的微絮体重新吸附絮凝,因此投入 PAFC－CBF 产生的絮体的恢复能力强于单独投加 PAFC 产生的絮体的恢复能力。

4.4 PAFC－CBF 的投加对 Zeta 电位的影响

4.4.1 复合质量比对 Zeta 电位的影响

Zeta 电位是反映悬浮物和胶体稳定性的重要指标,可用 Zeta 电位来度量颗粒之间相互作用力的强弱。同时,在传统的絮凝理论中均涉及 Zeta 电位的变化。因此,监测絮凝过程中 Zeta 电位的变化对解析絮凝机制有很大作用。

本书实验原水浊度为 25.20 NTU,水温为 13.22 ℃,pH 值为 6.9,选取复合质量比为 10、20、30 的微生物复合絮凝剂及单独添加 PAFC 处理组进行实验,复合絮凝剂投加量为 20 mg/L,进行絮凝实验并测定上清液的 Zeta 电位,分析微生物复合絮凝剂在地表水絮凝过程中的作用机理。不同复合质量比的复合絮凝剂絮体 Zeta 电位的变化见图 4－5。

由图 4－5 可知,随着 PAFC 投加量的增加,絮体的 Zeta 电位有升高的趋势。单独投加 PAFC 时,絮体的 Zeta 电位为 －9.64 mV,在各处理组中最高,但绝对值最小。三组微生物复合絮凝剂絮体的 Zeta 电位均低于单独投加 PAFC 的 Zeta 电位,说明引入 CBF 降低了絮体的 Zeta 电位。这是由于 CBF 本身带有较多的负电荷,投加 CBF 能够导致絮体 Zeta 电位的降低,微生物复合絮凝剂的絮凝中除了吸附电中和作用外,吸附架桥作用也起到了很大作用,此现象与薄晓文的研究结果一致。本节中微生物复合絮凝剂复合质量比为 10 时,Zeta 电位在三种微生物复合絮凝剂实验组中绝对值最大，但絮凝效果并不是最好，说明 CBF 在适当添加量时才能起到强化絮凝的效果，太少或者太多都会使强化絮凝效果变差。当 CBF 投加量太大时，一方面会降低吸附电中和作用，使微小颗粒较难生成微絮体，另一方面从实际应用方面来看会增加使用成本，CBF 的协同吸附架桥作用微小，强化絮凝功能较弱。

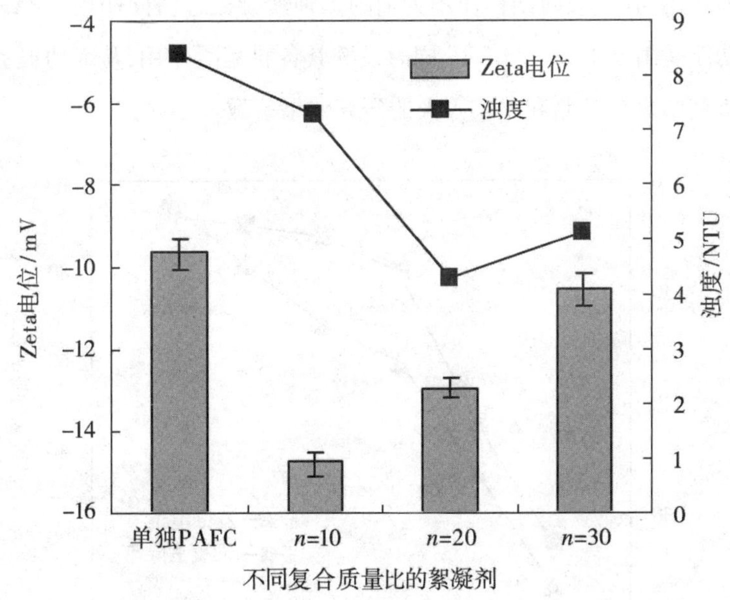

图 4-5　不同复合质量比复合絮减剂絮体对絮体 Zeta 电位的影响

4.4.2　投加量对 Zeta 电位的影响

为研究微生物复合絮凝剂处理地表水时的絮凝作用机理，对投加不同复合质量比的 PAFC-CBF 形成的絮体的 Zeta 电位和浊度去除率进行研究，并且与单独添加 PAFC 处理组进行对比分析。实验选用的 PAFC-CBF 复合质量比为 20，PAFC-CBF 投加量对浊度去除率及 Zeta 电位的影响见图 4-6。

从图 4-6 中可见，随着 PAFC-CBF 投加量的增加，Zeta 电位和浊度去除率均升高。当投加量为 30 mg/L 时，Zeta 电位为 -1.92 mV，较接近等电点。此时，浊度去除率最高，达到 92.14%，但当投加量为 20~30 mg/L 时，浊度去除率并没有显著差异。单独投加 PAFC 对浊度及 Zeta 电位的影响见图 4-7，随着

PAFC 投加量的增加,Zeta 电位和浊度去除率均升高。当投加量为 30 mg/L 时,Zeta 电位为 -0.31 mV,达到等电点,而浊度去除率达到最大,为 87.50%。对比图 4-6 可知,CBF 的加入使得在 PAFC-CBF 投加量为 30 mg/L 时,Zeta 电位较为接近等电点,由于 CBF 带有大量负电荷,其投加会导致絮体 Zeta 电位的降低,但浊度去除率却高于单独投加 PAFC 的浊度去除率,推测其絮凝机理是以吸附电中和作用为主、吸附架桥作用为辅的多种絮凝机理协同作用。PAFC-CBF 的强化功能是由于 PAFC 与 CBF 同时发挥其各自絮凝作用,从而协同去除污染物。该研究结果与孟路和于琪等人的研究结果一致。

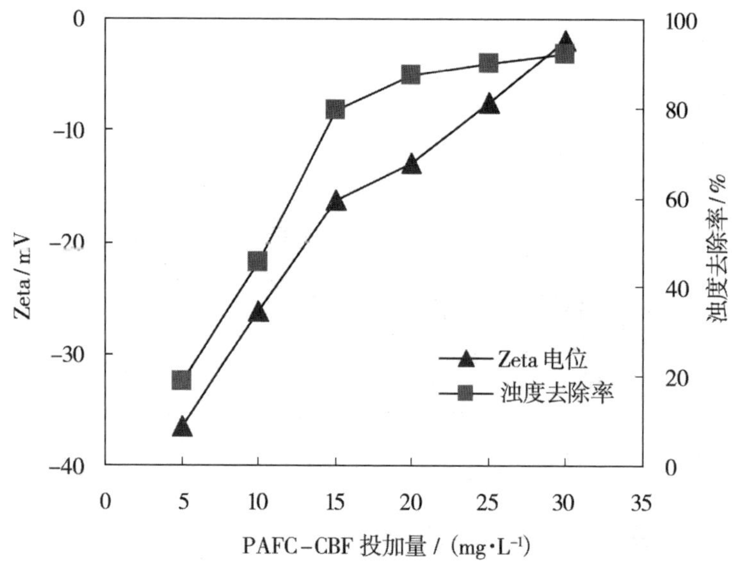

图 4-6 PAFC-CBF 投加量对浊度去除率及 Zeta 电位的影响

由实验结果结合理论分析得出,微生物复合絮凝剂发挥絮凝作用的机理为:首先,PAFC 的吸附电中和作用使水中胶体颗粒脱稳凝聚,部分形成微絮体;其次,CBF 本身带有多种活性官能团(如—NH_2、—COOH、—OH 等),能通过氢键、共价键等与脱稳的胶体颗粒吸附结合,由于 CBF 本身带多种负电荷基团,能通过离子键和范德瓦耳斯力与聚合氯化铝铁结合,絮凝形成较大絮体,但沉降性能较差;最后,由于 CBF 分子链上带有大量相同电荷的基团,基团之间形成斥力,使大分子物质充分展开,吸附架桥作用得到充分发挥,最终形成粒径较大、沉降性能较好的大絮体。根据高宝玉等人的研究结果可知，在絮凝过程中，CBF 起到了强化吸附架桥的作用，污染物去除率得到进一步提高，证明了其具有强化絮凝作用。通过以上结果可知，微生物复合絮凝剂在几种絮凝机理的作用下充分发挥各自的特点，起到协同增效作用。

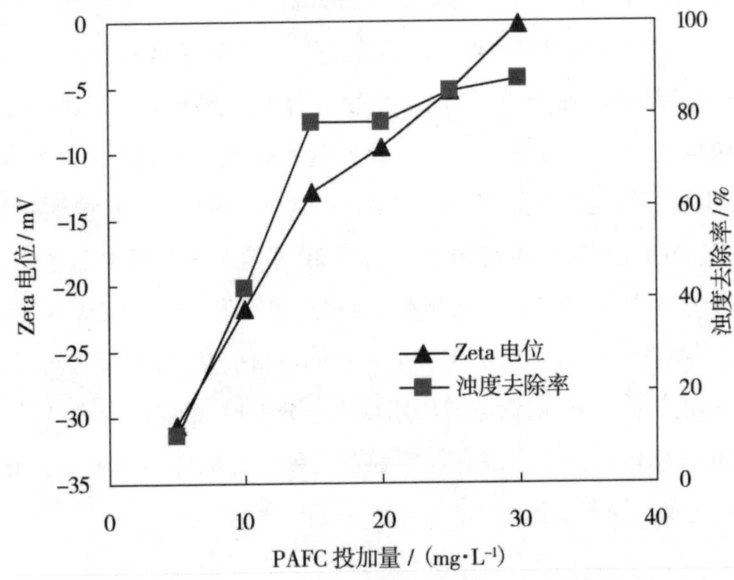

图 4-7 PAFC 投加量对浊度去除率及 Zeta 电位的影响

4.5 本章小结

本章研究了 PAFC-CBF($n=20$)在絮凝过程中的[Al+Fe]水解形态分布情况。结果显示，在投加 PAFC-CBF($n=20$)时，PAFC-CBF 在絮凝过程中水解生成较多的$[Al+Fe]_b$。随着 pH 值的不断增大，$[Al+Fe]_b$和$[Al+Fe]_c$的含量均逐渐增加。反应温度对复合絮凝剂中[Al+Fe]的形态分布影响较小，随着反应温度的升高，复合体系中[Al+Fe]三种水解形态变化不明显，说明 PAFC-CBF 在不同温度下絮凝效果稳定性较好。

通过对絮体形成过程的动态监测发现，复合质量比为 20 的 PAFC-CBF 絮体粒径增长速度最快，且粒径最大，恢复能力最强。尤其是在微絮体存在的情况下，适量 CBF 的吸附架桥作用有助于加快絮体生长，增大絮体粒径。扫描电镜结果显示,CBF 的引入使絮凝后的絮体变得更加密实,而且它们之间的边界非常明显,絮体表面明显有 EPS 包裹的痕迹。

PAFC - CBF 所生成絮体的强度略小于单独添加 PAFC 生成的絮体的强度,但破碎后的絮体易于恢复,有利于再絮凝,其最大恢复因子为 84.11%,而单独添加 PAFC 的恢复因子仅为68.90%。对于单独添加 PAFC 所生成的絮体,尽管其强度因子较大,为 36.25%,但破碎后难以恢复,不利于再絮凝的发生。

通过实验结果对比分析,得出微生物复合絮凝剂絮凝作用机理为:首先,PAFC 的吸附电中和作用使水中胶体颗粒脱稳凝聚,部分形成微絮体;其次,CBF 本身带有多种活性官能团(如—NH_2、—COOH、—OH 等),能通过氢键、共价键等与脱稳的胶体颗粒吸附结合,由于 CBF 本身带多种负电荷基团,能通过离子键和范德瓦耳斯力与聚合氯化铝铁结合,絮凝形成较大絮体,但沉降性能较差;最后,由于 CBF 分子链上带有大量相同电荷的基团,基团之间形成斥力,使大分子物质充分展开,吸附架桥作用得到充分发挥,最终形成粒径较大、沉降性能良好的大絮体。微生物复合絮凝剂在几种絮凝机理的作用下充分发挥各自的特点,起到协同增效作用。

第5章 基于絮凝沉淀工艺的CBF中试效能及群落结构解析

5.1 中试实验流程及设备开发

根据水质特点、絮凝剂性质以及相应给水规范等文件,设计絮凝沉淀单元。絮凝沉淀单元采用网格絮凝沉淀技术,该技术能增加药剂与原水接触时间,通过改变液体在设备中的流速,使污染物质充分接触絮凝剂。在沉淀单元内,采用斜板沉淀及降低流速的方法,增加颗粒物与斜板接触面积及时间,达到去除率最大的效果。

本实验水处理中试装置占地面积约100 m^2,位于某供水厂供水车间内。整个中试装置设计流量为3 m^3/h,由某取水厂通过10 km管线送至供水厂稳压井,并由自吸泵打入絮凝沉淀中试设备,加入药剂,进行反应,发生絮凝沉淀过程,处理后净水排入厂区管网,反应罐及沉淀罐排泥到厂区储泥池。核心单元由计量泵加药装置 - 网格反应池 - 小间距斜板沉淀池等工艺单元组成,单元主体墙壁均由不锈钢构成,为半封闭絮凝沉淀一体化装置。中试实验流程见图5 - 1。

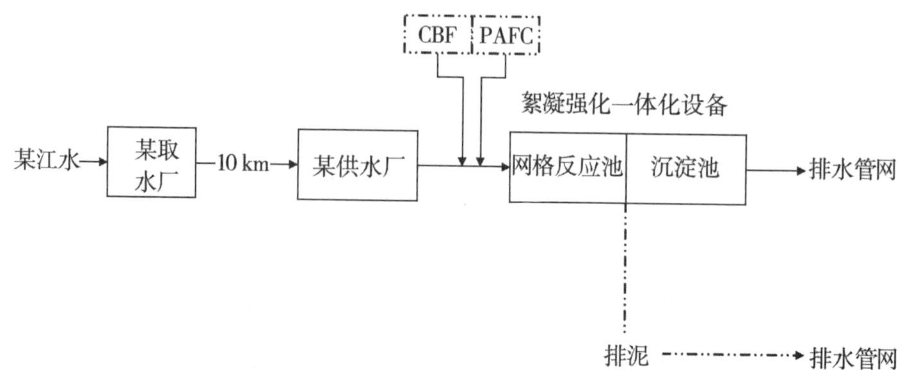

图 5-1　絮凝沉淀中试验流程图

整套工艺由五个部分组成,包括原水池(稳压井)、加药区、多层网格反应区、小间距斜板沉淀区和溢水槽,并且在反应区及沉淀区系统底部安装排泥管道,能够保障排泥顺畅。设置多层网格的目的是:增加水流中微涡旋的比例,增大离心作用,使体系中的颗粒物速度梯度大,为颗粒的接触、黏附创造条件;限制絮体的不合理变大,保证颗粒接触面积,增加絮体颗粒的密实度;使颗粒不断破碎、接触等,通过反复碰撞除去其中的气泡,进一步增加絮体颗粒的密实度。

根据前期实验结果、实际工程经验等因素对中试设备进行开发设计,中试设备工程设计图纸及其相关设计说明如下。设计流量为 3 m^3/h,强化絮凝一体化设备规格为 $L \times B \times H = 1.65\ m \times 0.98\ m \times 4.30\ m$,有效工作容积为 5.10 m^3。絮凝反应池由 10 组串联网格反应池组成,每组网格池尺寸为 $V_1 = 0.197\ m \times 0.197\ m \times 3.500\ m = 0.136\ m^3$,设计流速为 0.03 ~ 0.05 m/s,水力停留时间约为 0.7 h。沉淀池池体尺寸为 $L \times B \times H = 1.00\ m \times 1.30\ m \times 4.00\ m$,水力停留时间约为 1.0 h,利用上向流斜管沉淀池进行沉淀。絮凝沉淀中试设备自重约为 3 t,采用不锈钢为材料制作。

5.2　CBF 强化絮凝静态实验结果与分析

5.2.1　CBF 强化絮凝前后絮体形貌变化

利用扫描电镜观察 CBF 强化絮凝前后絮体形貌变化,结果见图 5-2。

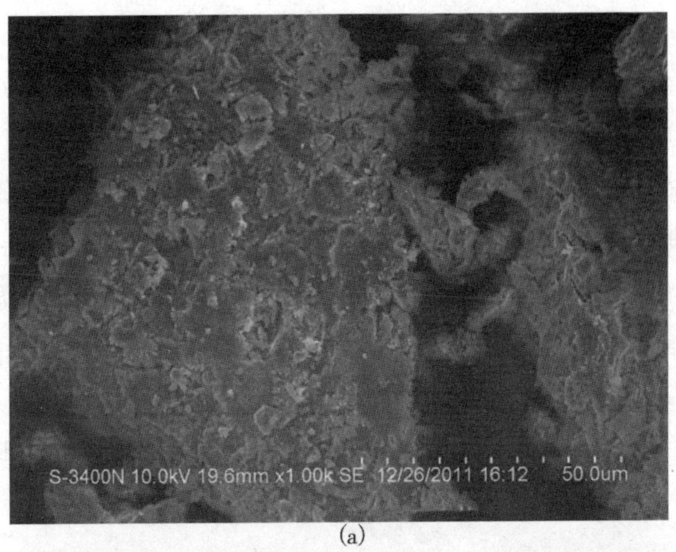

(a)

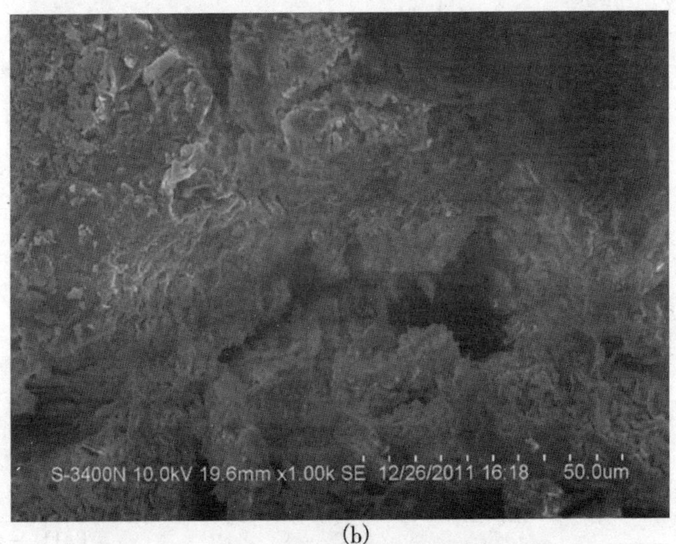

(b)

图5-2 CBF强化絮凝前后絮体形貌变化的SEM图

(a)CBF强化絮凝前絮体;(b) CBF强化絮凝后絮体。

从图5-2中可以看出,CBF强化絮凝前絮体小,而且絮体之间有大量空隙,较为稀疏。而CBF强化絮凝后形成的絮体之间有明显的边界,絮体之间紧紧相连,絮体结构更为密实,而且强化絮凝后絮体粒径比强化絮凝前絮体粒径更大,因此絮体沉降性更好,有利于污染物的去除。

5.2.2 不同投加方式结果与分析

目前在絮凝处理工艺中，通常是添加 CBF 为助凝剂，以强化无机絮凝剂的处理效果，所采取的投加方式是在无机絮凝剂投加之后再投加 CBF。但这并不是真正意义上的复合絮凝剂，而本章实验是将制备的 PAFC－CBF 直接应用到地表水处理中，与传统方法存在一定区别。为了比较 PAFC－CBF 与传统絮凝剂（PAFC 单独使用），以及投加方式不同（PAFC、CBF 以不同次序先后投加）造成的效果差异，研究 PAFC－CBF 在地表水絮凝处理过程中存在的优势，分别对四种投加方式进行絮凝效能对比实验，考察投加方式对浊度及 TOC 的去除效果，并分析不同投加方式导致絮凝效果存在差异的原因。具体投加方式见表 5－1。

表 5－1　投加方式及其对应投加量

序号	投加方式	简写
1	投加 PAFC	PAFC
2	先投加 PAFC，30 s 后投加 CBF m（PAFC）∶m（CBF）＝20	PAFC ＋CBF
3	先投加 CBF，30 s 后投加 PAFC m（PAFC）∶m（CBF）＝20	CBF＋ PAFC
4	直接投加 PAFC－CBF m（PAFC）∶m（CBF）＝20	PAFC －CBF

由表 5－1 可知，先投加 PAFC 后投加 CBF（PAFC＋CBF）及先投加 CBF 后投加 PAFC（CBF＋PAFC）这两种方式，仅在 PAFC 与 CBF 的投加顺序上存在差别，取投放比例 m（PAFC）∶m（CBF）＝20，两组分的实际投加量并无差别。实验中原水浊度为 26.30 NTU，TOC 为 6.089 mg/L，水温为 14.2 ℃，pH 值为 7.1。

(1)不同投加方式下浊度去除效能对比。

为了研究不同投加方式对地表水中浊度及有机物的去除效果的影响，分别对四种投加方式在同一投加量范围内(5 ~30 mg/L)进行烧杯实验，并测定絮凝后上清液的浊度。实验结果如图 5 -3 所示。

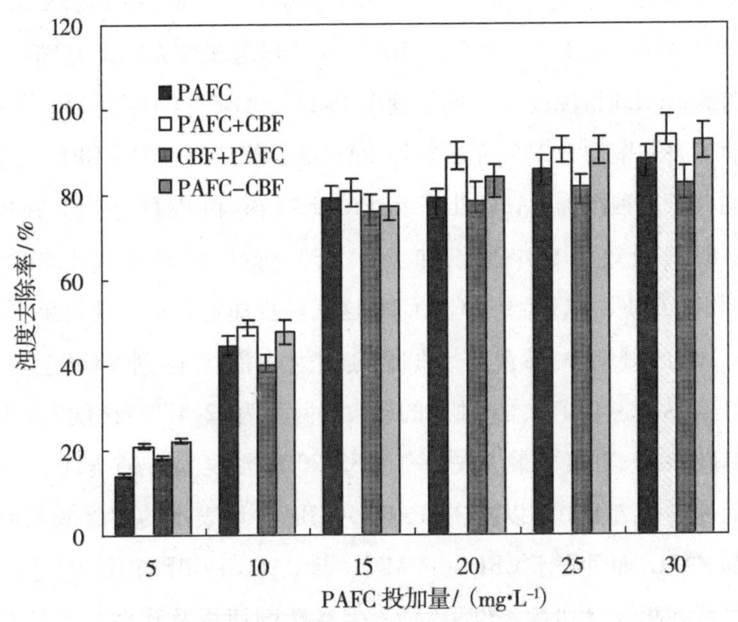

图 5 -3　不同投加方式下浊度去除率

从图 5 -3 中可以看出，这几种投加方式对浊度的去除效果随着投加量的增加均呈现出相似的变化趋势。比较四种投加方式的浊度去除率可知：在低投加量(5 mg/L)时，PAFC 对浊度的去除率最低，随着投加量的增加，对浊度的去除率提高，在 PAFC 投加量为 30 mg/L 时，浊度去除率达到最大，为 88.02%，但投加量为 25 mg/L 和 30 mg/L 时，浊度去除率差异不显著。PAFC - CBF、PAFC + CBF 这两种投加方式的絮凝效果明显优于 PAFC 单独使用的絮凝效果，PAFC - CBF、PAFC + CBF 在投加量为 30 mg/L 时达到最佳去除效果，且没有出现反混现象。而 CBF + PAFC 的投加量大于 10 mg/L 时，浊度去除率均小于单独投加 PAFC，效果较差，这可能是由于先加入 CBF 后，部分颗粒物首先被 CBF 的吸附位点吸附，而 PAFC 加入后，很难与已被 CBF 吸附的颗粒物发生吸附电中和作用，不能将这部分颗粒物脱稳，并且在吸附电位的颗粒物带同种电荷，彼此间的静电排斥力较大，故形成的絮体结构松散，难以沉降，致使出水浊度升高。比较 PAFC - CBF、PAFC + CBF 及 CBF + PAFC 三种投加方式的实验结果可知，PAFC 与 CBF 的投加顺序对絮凝效果具有一定的影响。在投加量大于等于 10 mg/L 时，浊度的去除率均呈现出 PAFC + CBF > PAFC - CBF > CBF + PAFC 的规律，但 PAFC + CBF 与 PAFC - CBF 实验处理组浊度去除率差别不大，仅在投加量为 5 mg/L 时，浊度去除率呈现出 PAFC - CBF > PAFC + CBF 的结果，此时两者浊度去除率均为 20% 左右。而 PAFC - CBF 与 PAFC + CBF 处理组浊度去除率均大于单独投加 PAFC 处理组，PAFC - CBF 和 PAFC + CBF 在投加量为 20 mg/L 时絮凝效果与单独投加 PAFC 30 mg/L 时絮凝效果相当。对比 PAFC + CBF、CBF + PAFC、PAFC - CBF 这三种投加方式的处理效果可以发现，PAFC + CBF 的处理效果最好，浊度的最大去除率达到 93. 99%，浊度为 1.58 NTU；PAFC - CBF 次之，浊度的最大去除率为 92. 47%，浊度为 1. 98 NTU；CBF + PAFC 最差，浊度的最大去除率为 82. 32%，浊度为 4. 65 NTU。

从上述实验结果中可以看出，PAFC - CBF 对地表水的絮凝效果明显优于单独投加 PAFC，而且好于 CBF + PAFC。与 PAFC + CBF 相比，PAFC - CBF 絮凝效果虽然在相同投加量条件下略差，但在药剂使用及管理方面具有一定优势，有利于降低管理和运行成本。

(2) 不同投加方式下 TOC 去除效能对比。

如图 5 - 4 所示，这几种投加方式对 TOC 的去除效果随着投加量的增加均呈现出相似的变化趋势。对比四种投加方式可以发现：在低投加量（小于 20 mg/L）时，PAFC - CBF 处理组对 TOC 的去除率明显大于其他投加方式，在投加量等于 25 mg/L 时，其对 TOC 的去除率小于 PAFC + CBF 和单独投加 PAFC 处理组。PAFC + CBF 投加量大于等于 25 mg/L 时，效果好于其他投加方式处理组，在投加量为 30 mg/L 时，TOC 去除率达到其最大值，为 35. 29%。在投加量大于等于 25 mg/L 时，PAFC - CBF 与单独投加 PAFC 的 TOC 去除率差异不显著。CBF + PAFC 投加量大于等于 10 mg/L 时，TOC 去除率小于其他投加方式处理组，与前文中“不同投加方式下浊度去除效能对比”规律基本一致。从以上结果中可知，复合絮凝剂以及复配絮凝剂对于TOC有一定强化絮凝效果，当投加量小于等于20 mg/L时，PAFC－CBF对TOC的去除效果较好，当投加量大于等于25 mg/L时，PAFC＋CBF强化絮凝效果显著。以上结果显示，添加CBF进行强化絮凝，在一定投加方式及投加量下，不会引起水体有机物增多，能有效避免外加有机物质对水源水的污染，同时对TOC的去除效果较好。

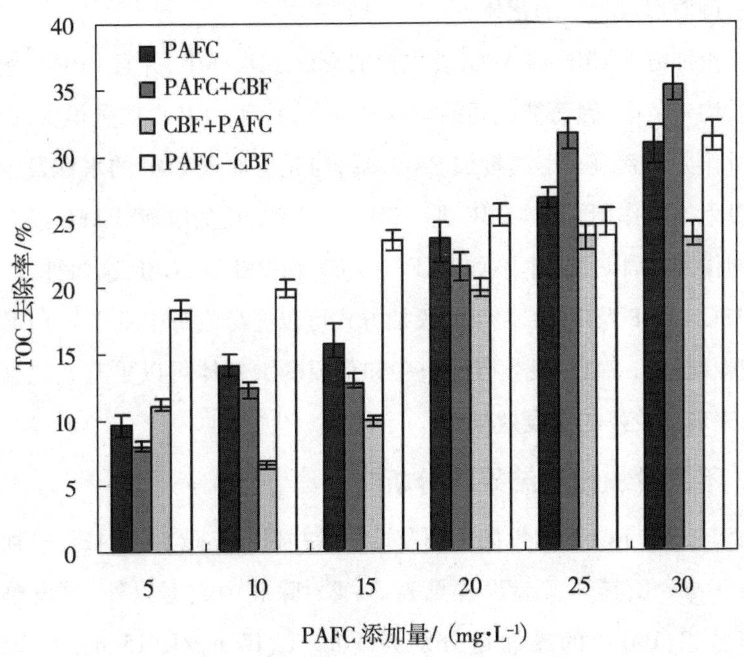

图5－4 不同投加方式下的TOC去除率

（3）不同投加方式下絮凝机理的探讨。

进行不同投加方式的实验时，前期实验结果显示，投加CBF絮凝后上清液的Zeta电位明显降低，这是由于CBF本身带有负电荷。通常认为当阳离子型无机絮凝剂与带有相反电荷的颗粒物相互作用时，会发生吸附电中和现象，从而使其脱稳凝聚，胶体颗粒相互碰撞形成微絮体。但是PAFC与CBF复配后的絮凝效果要好于单独添加PAFC的絮凝效果。因此，PAFC的吸附电中和作用和CBF的吸附架桥作用在这种复配投加方式的絮凝过程中发挥了重要作用。

对比PAFC－CBF、PAFC＋CBF和CBF＋PAFC处理组实验结果可以发现，先后添加PAFC与CBF，在两者投加量相同的情况下，两者的投加顺序对絮凝能力产生了较大影响。从以上结果可知,PAFC + CBF 的絮凝效果要好于其他三种投加方式。因此,将 PAFC 与 CBF 先后投加可以使絮凝剂具有较强的絮凝作用。

一般来说,絮体的形成过程可以分为两个阶段:第一,絮凝剂投加到水样中后,与颗粒物迅速发生作用而使其脱稳,并形成“微絮体”;第二,微絮体发生碰撞、聚集,进而形成较大的絮体。

对于投加方式 CBF + PAFC,首先投加 CBF 到水样中,并且 CBF 与水样中的污染物质均带负电,因而彼此间的排斥力较强,并且 CBF 投加量很少,难以发生吸附架桥作用而絮凝。继续投加 PAFC 后,与先前加入 CBF 的水样发生吸附电中和和吸附架桥作用,这样 CBF 进一步中和了 PAFC 的电荷,PAFC 没有与 CBF 发生协同作用,所以去除率不如 PAFC + CBF 和 PAFC - CBF 这两种投加方式。因此,PAFC + CBF 及 PAFC - CBF 投加方式可以充分发挥 PAFC 与 CBF 的协同作用,使颗粒物与 PAFC 发生吸附电中和形成的微絮体可以更有效地聚集在一起,从而表现出较好的絮凝效果。

5.2.3 不同投加比例结果与分析

改变 PAFC 与 CBF 的投加比例及投加量并进行实验,且 PAFC 投加范围设定为 5 ~ 30 mg/L,具体实验设置见表 5 - 2。除表中数据以外,另设单独投加 PAFC 实验组,PAFC 的投加量分别为 5 mg/L、10 mg/L、15 mg/L、20 mg/L、25 mg/L和 30 mg/L。

本实验原水浊度为 26.30 NTU,TOC 为 6.089 mg/L,水温为 14.2 ℃,pH 值为 7.1。通过测定絮凝后上清液的浊度及 TOC,考察 PAFC 与 CBF 复配投加比例及投加量对松花江水源水絮凝效果的影响,确定最佳投加比例及投加量。不同投加比例下浊度去除实验结果见图 5 - 5。

表 5-2 投加比例及其对应投加量

CBF/PAFC 投加比例	1/5	1/5	1/5	1/5	1/5	1/5
CBF 投加量/(mg·L^{-1})	1.00	2.00	3.00	4.00	5.00	6.00
PAFC 投加量/(mg·L^{-1})	5.00	10.00	15.00	20.00	25.00	30.00
CBF/PAFC 投加比例	1/10	1/10	1/10	1/10	1/10	1/10
CBF 投加量/(mg·L^{-1})	0.50	1.00	1.50	2.00	2.50	3.00
PAFC 投加量/(mg·L^{-1})	5.00	10.00	15.00	20.00	25.00	30.00
CBF/PAFC 投加比例	1/20	1/20	1/20	1/20	1/20	1/20
CBF 投加量/(mg·L^{-1})	0.25	0.50	0.75	1.00	1.25	1.50
PAFC 投加量/(mg·L^{-1})	5.00	10.00	15.00	20.00	25.00	30.00
CBF/PAFC 投加比例	1/30	1/30	1/30	1/30	1/30	1/30
CBF 投加量/(mg·L^{-1})	0.17	0.33	0.50	0.66	0.83	1.00
PAFC 投加量/(mg·L^{-1})	5.00	10.00	15.00	20.00	25.00	30.00

如图 5-5 所示,除了 CBF 与 PAFC 投加比例为 1/5 的处理组,另外三种投加比例处理组均呈现随着投加量的增加处理效果也增强的变化。当投加比例为 1/5 时,随着投加量的增大,浊度去除率呈现先增大后减小的趋势,在 PAFC 投加量为 25 mg/L 时达到最大,总体来看 1/5 投加比例实验组的污染物去除率最低。根据俞文正等人的研究结果,微小絮体(簇)之间的接触点数决定了颗粒之间的吸附力。这可能是由于大量 CBF 的加入,CBF 的吸附架桥作用把絮体的接触点大量占据,使微小颗粒很难形成大的絮体进而去除;还可能是由于 CBF 带有大量负电荷,过量投加会进一步降低 PAFC 的吸附电中和作用。当投加比例为 1/20 时,在 PAFC 投加量大于等于 10 mg/L 时,浊度去除率均高于其他比

例处理组，且在 PAFC 投加量为 30 mg/L 时，浊度去除率达到最大，为 93.08%，此时浊度为 1.82 NTU。但 PAFC 投加量为25 mg/L 与 30 mg/L 时同一处理组间浊度去除率差异不显著。当 PAFC 投加量大于等于 15 mg/L 时，除投加比例 1/5 实验组外，其他投加比例处理组浊度去除率均大于单独投加 PAFC 处理组，说明在 CBF 投加量相对较低时，具有一定的强化絮凝作用。

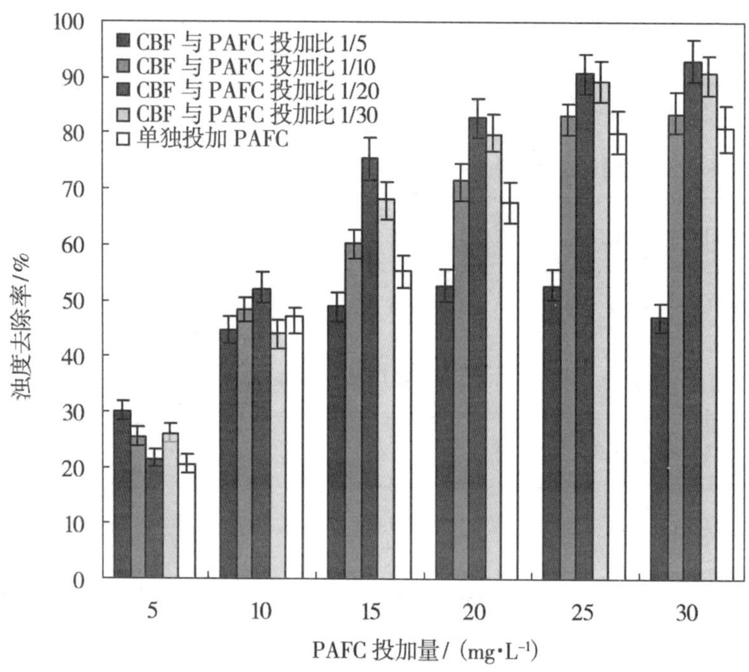

图 5-5　不同投加比例下浊度去除率

如图5-6 所示，在投加比例为 1/5 以及 1/10 的处理组中，随着投加量的增加，TOC 去除率出现先增大后减小的现象，而投加比例为 1/5 的处理组，在投加量为 5 mg/L、10 mg/L、25 mg/L 和 30 mg/L 时，TOC 去除率均为负。这主要是由于 CBF 发酵液含有大量多糖类物质，在投加量为 5 mg/L 以及 10 mg/L 时，胶体没有完全脱稳并形成大的絮体，絮体对 TOC 吸附量较少；而在投加量为 25 mg/L 和 30 mg/L 时，引入过多外界 TOC 导致 TOC 浓度反而增加。在投加比例为 1/20 和 1/30 处理组中，随着投加量的增加，TOC 去除率升高。在 PAFC 投加量大于等于 25 mg/L 时，TOC 去除效果比单独投加 PAFC 的去除效果好；而当 PAFC 投加量相同时，投加比例为 1/20 时的 TOC 去除效果要好于投加比例为 1/30 的去除效果。在投加比例为 1/20 且投加量为 30 mg/L 时，TOC 的去除率达到最大，为 34.80%，TOC 的浓度为 3.97 mg/L，但投加量为 25 mg/L 和 30 mg/L 时，TOC 去除率差异不显著。

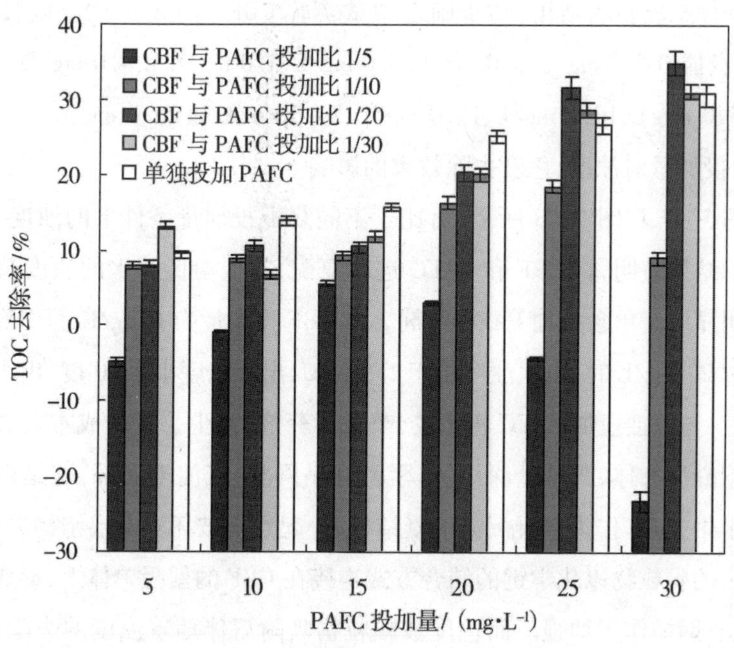

图 5-6 不同投加比例下的 TOC 去除率

5.3 基于絮凝沉淀工艺的 CBF 强化絮凝效能

针对松花江地表水源水冬季低温和夏季高温两种特征明显的水质，以及春秋季节水质，通过中试实验对比研究了 CBF 与 PAFC 复配后不同投加量下的絮凝效果。以浊度、色度、TOC、UV_{254} 为对象，研究了不同投加量对强化絮凝工艺处理效果的影响。所有数据的在系统平稳运行 4 h 后采集。

5.3.1 冬季低温季节中试实验结果与分析

低温低浊水始终是给水处理中的难点之一，由于其温度低、浊度低的特性，絮凝沉淀等水处理工艺对其的处理效率较低。在冬季实验期间，原水水质比较稳定，浊度维持在 9.45 ~ 15.19 NTU 之间，水温低于 4 ℃，属于典型的低温低浊水。某些水厂一般采取降低系统负荷、增大絮凝剂投加量等措施,非但没有取得理想的效果,反而造成了一系列系统运行的新问题。针对这种情况,本节在静态实验基础上,进行中试实验,探讨不同复配投加量下的絮凝效果及其影响因素。

根据静态实验的结果,初步确定中试实验 CBF 与 PAFC 的复配投加量范围,CBF 投加量为0 mg/L、1.0 mg/L、2.0 mg/L、3.0 mg/L 和4.0 mg/L,PAFC 投加量为5.0 mg/L、10.0 mg/L、15.0 mg/L、20.0 mg/L 和25.0 mg/L。

(1)投加量对浊度、色度去除效果的影响。

如图5-7 和图5-8 所示,对比了不同复配投加量条件下的浊度、色度去除情况。结果表明,将 CBF 和 PAFC 进行复配,对低温低浊水的浊度及色度去除效果明显好于单独投加 PAFC 药剂。当 CBF 投加量为1 mg/L,且 PAFC 的投加量超过20 mg/L 时,出水浊度小于2.5 NTU,出水色度小于30 度,出水效果最佳。同时,与单独投加 PAFC 相比较,节省了药剂,减少了投加成本。观察水中沉淀的絮凝沉降体,颜色呈深棕色,紧密且呈网状,沉淀于底部,这是由于在低温低浊水中,CBF 作为絮凝沉淀的凝结核心,起到了破坏双电层结构的作用,大量脱稳后的颗粒物以化学键的结合方式连接在 CBF 的絮凝单体上,形成网状结构,卷扫及网捕作用加强。而色度被颗粒物吸附后伴随着浊度的去除而去除。当 CBF 投加量大于3 mg/L 时,强化絮凝的浊度和色度处理效果较差,差于不添加 CBF 的效果,尤其是色度去除效果,可能是由于投加本身带有一定色度的 CBF 较多,外源色度添加过多导致去除效果较差。

结果表明,PAFC 与 CBF 的复配使用有利于提高絮凝效果。PAFC 带有的正电荷可以中和 CBF 和胶体颗粒物表面的负电荷,增强 CBF 对水中悬浮颗粒的吸附能力,强化吸附架桥作用,在粒子间形成桥架结构。同时,PAFC 及其水解产物能够作为晶核来支撑生物聚合物吸附到它的表面,从而通过架桥作用形成更紧密的絮体。

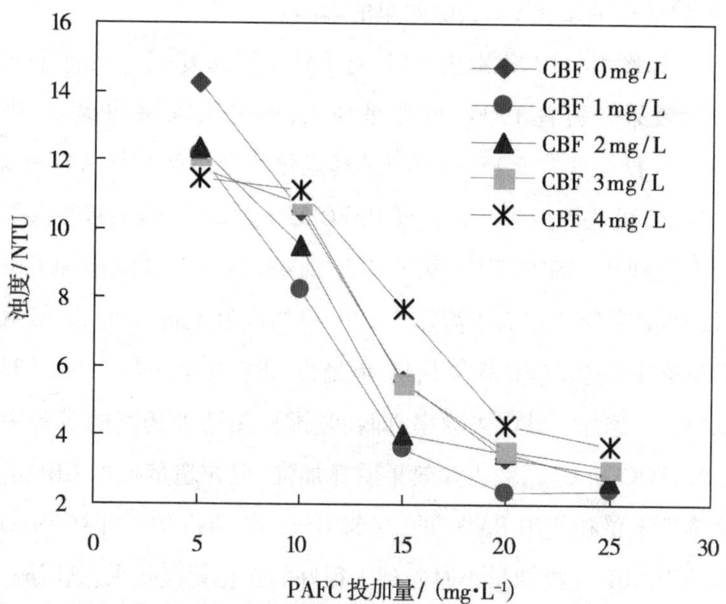

图 5-7 CBF 与 PAFC 复配强化絮凝对浊度的去除效果

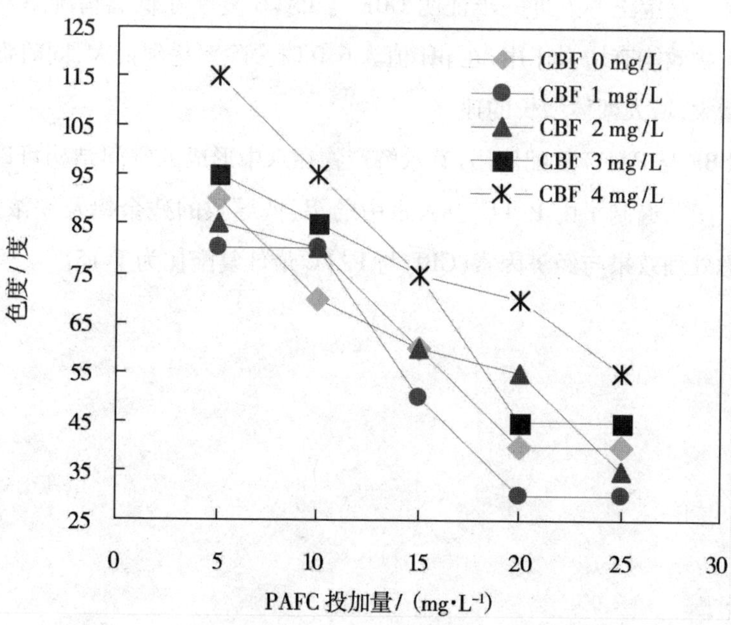

图 5-8 CBF 与 PAFC 复配强化絮凝对色度的去除效果

(2)投加量对 TOC、UV_{254}去除效果的影响。

图 5 - 9 和图 5 - 10 分别为 CBF 与 PAFC 不同复配比条件下对 TOC 和 UV_{254}的去除效果。随着 PAFC 投加量加大,两者去除率均提高,当 CBF 为 1 mg/L, PAFC 投加量大于 15 mg/L 时,其强化絮凝后两指标去除效果均好于单独添加 PAFC 的去除效果。在投加 PAFC 25 mg/L 时,强化絮凝效果最佳,其 TOC 去除率达到 45.89%,UV_{254}去除率达到 48.54%。继续增加 CBF 的投加量,TOC 及 UV_{254}去除率略有下降。当 CBF 投加量为 2 mg/L 时,TOC 和 UV_{254}的去除效果与单独添加 PAFC 效果相当,但是当 CBF 投加量大于 2 mg/L 时,两者去除率低于单独添加 PAFC 去除率,即在复配使用两种药剂的实验中,CBF 投加量较小时,TOC 和 UV_{254}的去除效果明显加强,但在超量投加 CBF 的情况下,两者去除率小于单独使用 PAFC 的,这与 Gong 和 Zhao 的研究结果一致。推测这可能是因为 CBF 在投加量小时起到了很好的强化絮凝效果,其吸附架桥作用也进一步增强,但当 CBF 投加量加大时,强化絮凝效果去除的有机物质量小于 CBF 自身有机物质的引入量,造成 CBF 有机物部分残留在反应体系中,致使去除率下降。高宝玉等人进一步证明 CBF 与 PAFC 复配在低温情况下对去除地表水有机物效能有增强作用,在 pH 值为 6.0 时去除率达到最大,同时促进了絮体尺寸增大,增大絮体增长的速率。

将 CBF 与 PAFC 复配使用,其水解产物在水中形成的空间结构可以增强絮凝效果。CBF 遏制了由 PAFC 引入水中的铝、铁导致的残余铝及铁浓度升高。综合考虑处理效果与经济因素,CBF 与 PAFC 最佳复配比为 1:15。

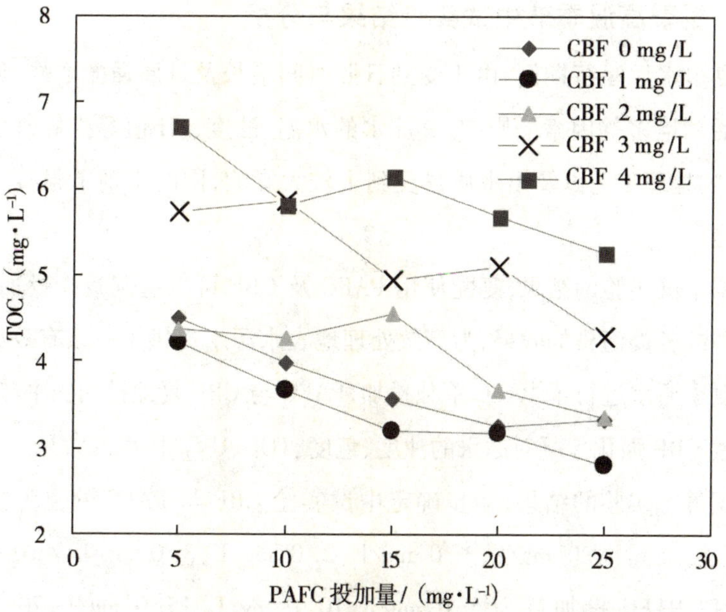

图 5－9 CBF 与 PAFC 复配强化絮凝对 TOC 的去除效果

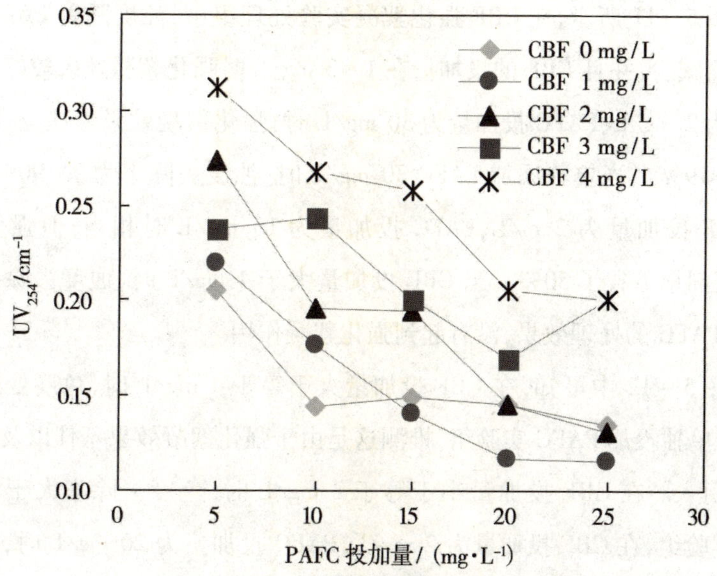

图 5－10 CBF 与 PAFC 复配强化絮凝对 UV_{254} 的去除效果

5.3.2 夏季高温季节中试实验结果与分析

在夏季水厂运行期间，由于受到日照时间增长及日照强度增强、降水干扰及人为活动增多等因素的影响，其原水的水温、浊度、pH 值等指标改变幅度较大，水厂的处理工艺以及出水质量受到了较大影响，同时出现了很多工程上的技术难题。

根据中试实验的结果，复配使用 PAFC 及 CBF 可以起到减少投加量、有效去除水中的各类污染的效果，为高效处理地表水源水提供了一条有效途径。主要针对夏季原水进行了 PAFC 单独投加、PAFC 与 CBF 复配投加的中试实验，进一步考察 CBF 强化絮凝对原水的浊度、色度、TOC、UV_{254}的去除效果。

根据静态实验的结果，初步确定中试实验 CBF 与 PAFC 的复配投加量范围，CBF 投加量为 0 mg/L、1.0 mg/L、2.0 mg/L、3.0 mg/L、4.0 mg/L 和 5.0 mg/L，PAFC 投加量为 5.0 mg/L、10.0 mg/L、15.0 mg/L、20.0 mg/L、25.0 mg/L 和 30.0 mg/L。

(1)投加量对浊度、色度去除效果的影响。

如图 5 – 11 所示，在 CBF 强化絮凝实验处理组中，浊度随着 PAFC 投加量的增加而减少，并且 CBF 的投加量在 1 ~ 3 mg/L 时强化絮凝效果较好。当 CBF 投加量为 2 mg/L、PAFC 投加量为 30 mg/L 时，强化絮凝效果最佳，浊度去除率高达 96.19%。当单独添加 PAFC 30 mg/L 时，浊度去除率为 94.90%，处理效果与 CBF 投加量为 2 m/L、PAFC 投加量为 15 mg/L 时相当，但强化絮凝后 PAFC 药剂量节省了 50%。当 CBF 投加量大于 4 mg/L 时，浊度去除率低于单独投加 PAFC 的处理效果，没有起到强化絮凝作用。

从图 5 – 12 中可知，在 CBF 投加量大于等于 4 mg/L 时，色度处理效果较差，低于单独投加 PAFC 实验组，推测这是由于强化絮凝效果不佳以及外源色度的大量引入。在 CBF 投加量小于等于 2 mg/L 时，色度去除率大于单独投加 PAFC 实验组，在 CBF 投加量为 2 mg/L、PAFC 投加量为 20 mg/L 时，达到最佳处理效果，此时浊度去除率为 86.11%。

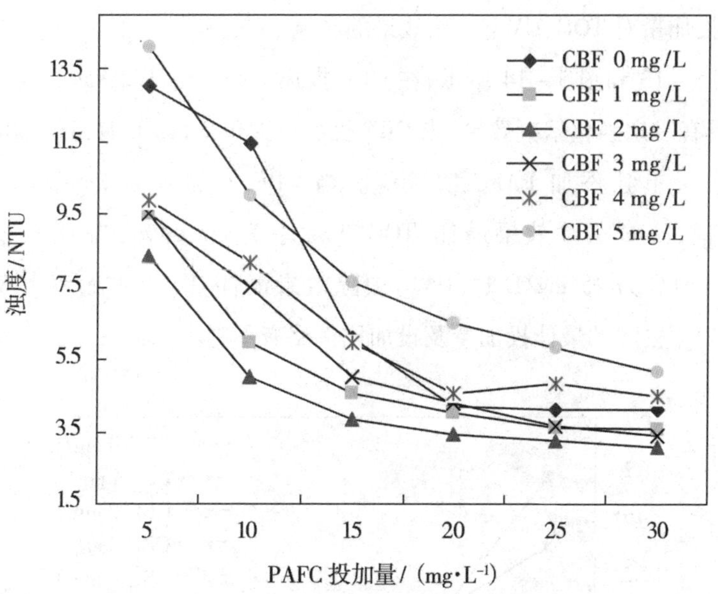

图 5－11 CBF 与 PAFC 复配强化絮凝对浊度的去除效果

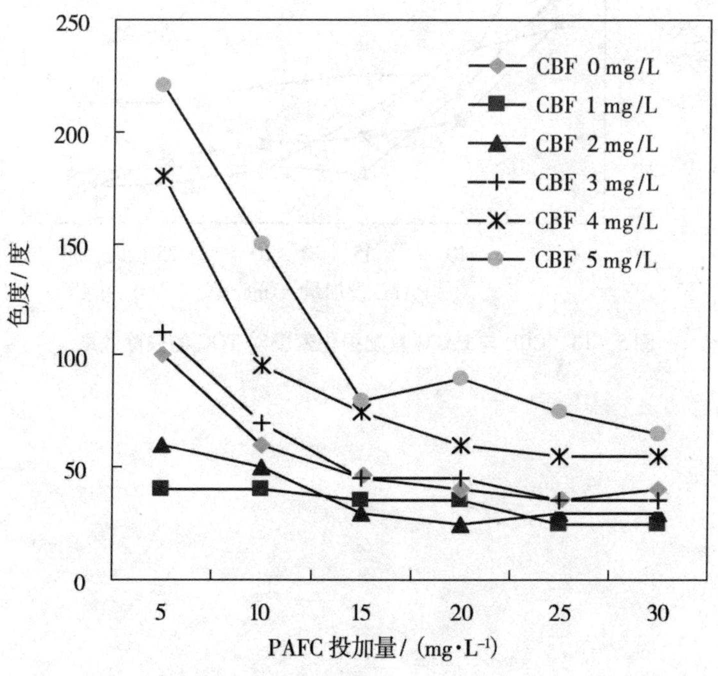

图 5－12 CBF 与 PAFC 复配强化絮凝对色度的去除效果

(2)投加量对 TOC、UV_{254}去除效果的影响。

如图 5－13 和图 5－14 所示，在 CBF 投加量小于等于 2 mg/L 时，对 TOC、UV_{254}均具有一定强化絮凝效果，当 CBF 投加量大于 2 mg/L 时，TOC 和 UV_{254}去除率均小于单独添加 PAFC 实验组。当 CBF 投加量为 1 mg/L、PAFC 为 30 mg/L 时，TOC 去除效果最佳，TOC 去除率为 60.69%；当 CBF 投加量为 1 mg/L、PAFC 为 25 mg/L 时，UV_{254}去除效果最佳，UV_{254}去除率为 65.83%。TOC 与 UV_{254}去除的最佳投加量及投加比例略有不同。

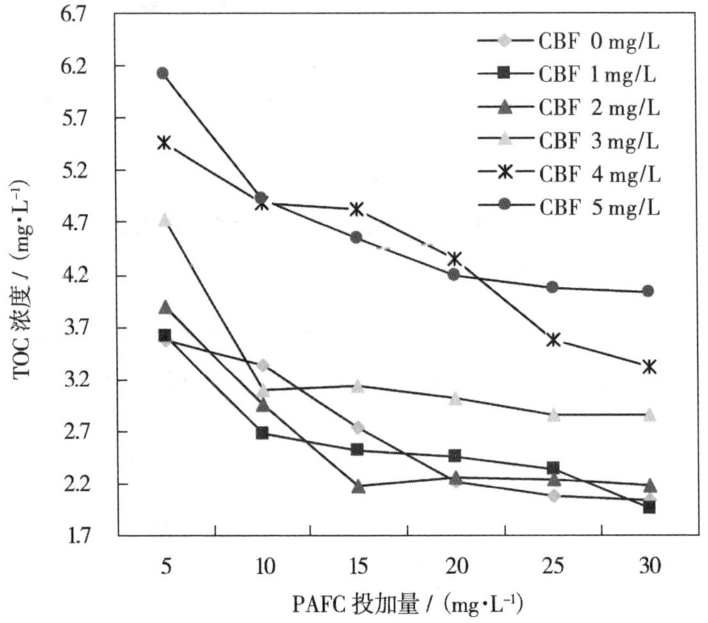

图 5－13　CBF 与 PAFC 复配强化絮凝对 TOC 的去除效果

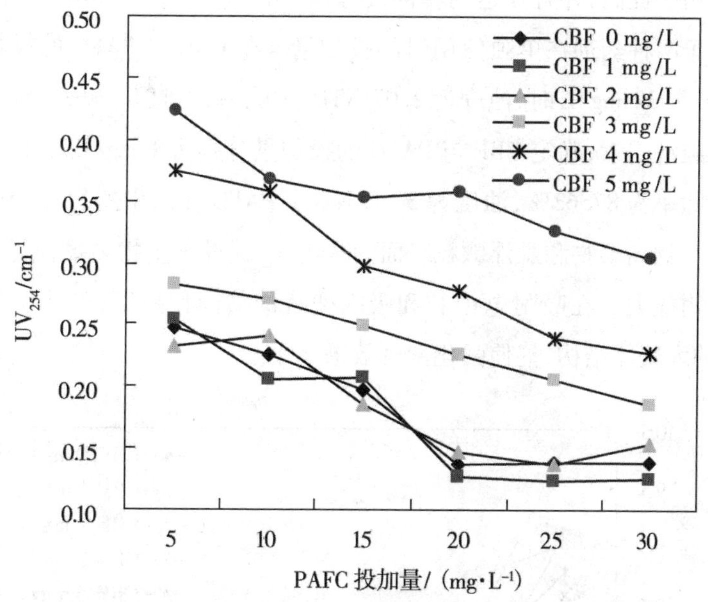

图5-14 CBF与PAFC复配强化絮凝对UV_{254}的去除效果

5.3.3 春秋季节中试实验结果与分析

在春秋季节时，即地表水平水期，其水质特点为随着温度升高或降低，浊度等污染物指标缓慢变大或变小。北方春秋季节时间短，天气变化复杂，江水也在随着温度变化缓慢改变着。在春季随着温度逐渐升高，降水量变大，底泥和河床上累积的污染物及泥沙在水流的带动下进入江中，出现污染物质比低温时多的情况；在秋季随着温度逐渐降低，降水量相对变小，水体流速变小，相对稳定，污染物质通过自然沉降和吸附的作用进入底泥或者吸附到河床岸边，水体内污染物质相对变少。根据平水期的水质特点，开展了絮凝沉淀中试实验，来考察CBF与PAFC复配对江水的效能影响。

根据静态实验的结果，确定中试实验CBF与PAFC投加量范围与"5.3.2 夏季高温季节中试实验结果与分析"相同。

(1)投加量对浊度、色度去除效果的影响。

为了确定两种絮凝剂的最佳复配比及复配量，将CBF与PAFC按不同投加量进行复配，考察浊度的变化情况，结果见图5-15。复配使用两种药剂对浊度的去除率明显提高，并且在达到相同处理效果时，复配使用 CBF 与 PAFC 的总投加量小于两种药剂在单独使用时的投加量。在 CBF 与 PAFC 的投加量分别为 1 mg/L 和 30 mg/L 时，浊度为 2.07 NTU，去除率达到 91.79%。综合考虑处理效果与经济因素，确定 CBF 与 PAFC 的投加量分别为 1 mg/L 和 15 mg/L，此时浊度去除率为 87.62%，浊度为 3.12 NTU。PAFC 在水中所提供的阳离子同时减少了生物高聚物和悬浮颗粒表面的负电荷，促进了生物高聚物对水中悬浮颗粒的吸附能力。在吸附电中和和吸附架桥的共同作用下，形成结构更为紧密、稳定的大絮体结构，促使强化絮凝效果增强。

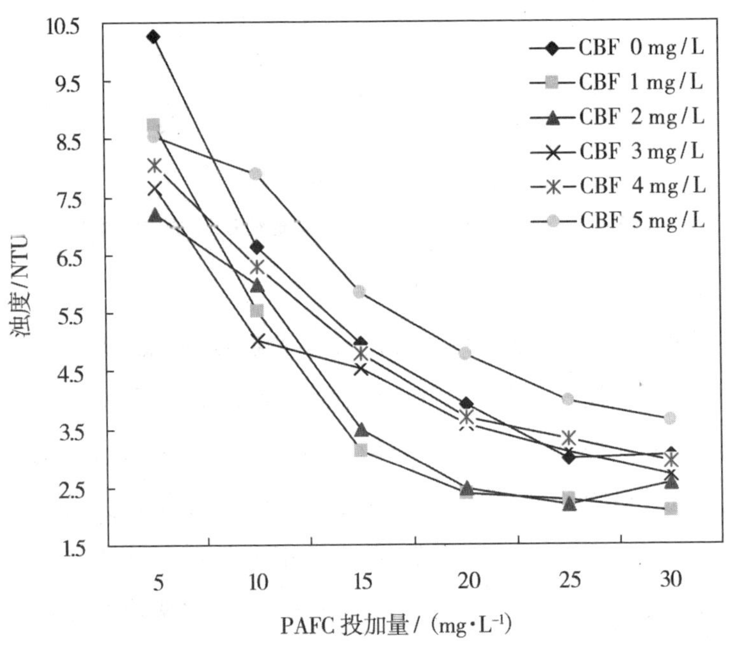

图 5 - 15　CBF 与 PAFC 复配强化絮凝对浊度的去除效果

如图 5 - 16 所示，春季原水的色度范围为 120 ~ 180 度，添加较低浓度的 CBF 与 PAFC 进行复配时，对色度的去除有显著作用。在 CBF 与 PAFC 投加量分别为 1 mg/L 和 25 mg/L 时，色度为 15 度，去除率达到所有处理组的最高值，为 90.00%，直接达到《生活饮用水卫生标准》(GB 5749—2022)中对色度的要求。但随着 CBF 的投加量继续增大，色度去除效果开始变差，当 CBF 投加量为 4 mg/L及以上时，色度值要比单独添加 PAFC 处理组相应色度值大，这可能是过量生物絮凝剂引起色度残留造成的。综合考虑处理效果与经济因素，确定 CBF 与 PAFC 的投加量分别为 1 mg/L 和 15 mg/L，此时色度去除率为 80.00%，色度为 30 度。而单独添加 PAFC 25 mg/L 时，色度为 30 度，复配后节省 PAFC 药剂量的 40%。

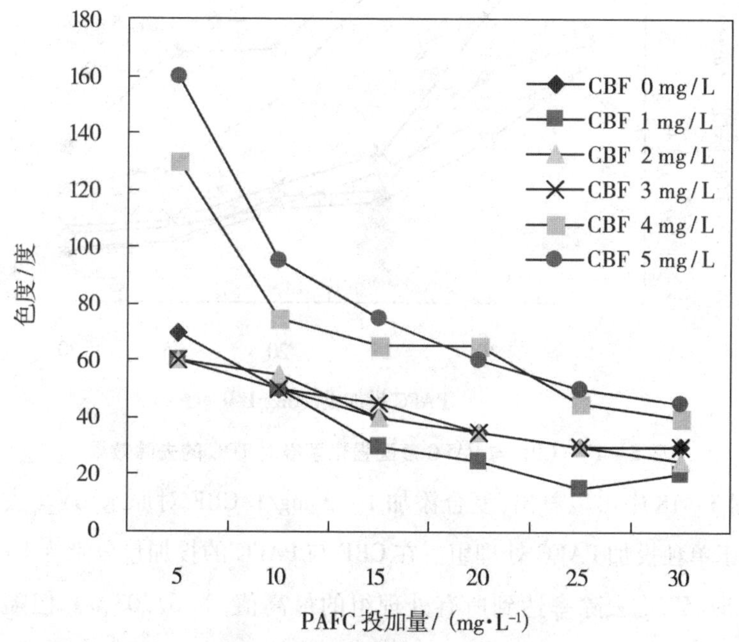

图 5-16 CBF 与 PAFC 复配强化絮凝对色度的去除效果

(2)投加量对 TOC、UV_{254} 去除效果的影响。

如图 5-17 所示，添加 CBF 1 ~ 3 mg/L 与 PAFC 复配，对原水的 TOC 去除效果较好，在 CBF 与 PAFC 的投加量分别为 1 mg/L 和 30 mg/L 时，TOC 浓度为 2.604 mg/L，为所有处理组的最低值，此时 TOC 去除率达到了 48.83%。当 CBF 的投加量大于等于 4 mg/L 时，TOC 的去除效果开始变差，并且 TOC 浓度高于单独添加 PAFC 处理组所对应的 TOC 浓度，说明这是絮凝剂本身有机物残留造成的。从图 5-17 中可知，投加少量 CBF 不会造成有机物质的大量残留，同时对有机物质能起到较好的强化絮凝去除效果。

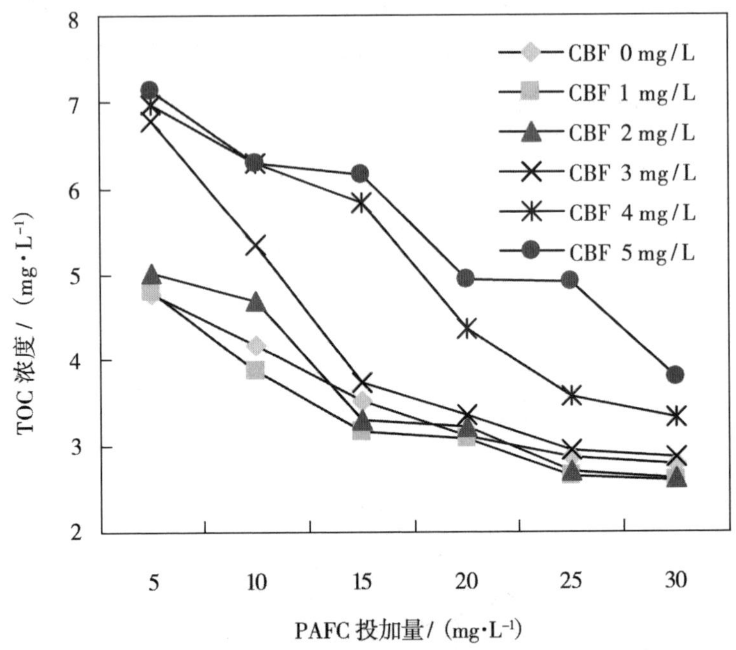

图 5－17　CBF 与 PAFC 复配强化絮凝对 TOC 的去除效果

从图 5－18 中可以看出,复合添加 1～3 mg/L CBF 对原水 UV_{254} 去除效果较好,好于单独投加 PAFC 处理组。在 CBF 与 PAFC 的投加量分别为 1 mg/L 和 25 mg/L 时,UV_{254} 去除率达到所有处理组的最高值,为 67.03%。但随着 CBF 的投加量继续增大,去除效果逐渐变差。当投加 CBF 的量在 3 mg/L 及以上时,UV_{254} 去除效果较差,差于单独投加 PAFC 的处理效果,这是絮凝剂本身的小分子有机物残留过多造成的。

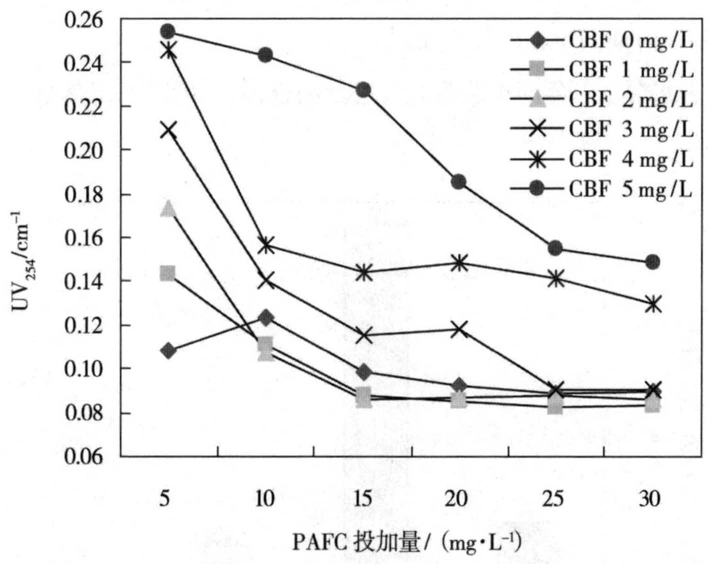

图 5－18 CBF 与 PAFC 复配强化絮凝对 UV_{254} 的去除效果

5.4 基于絮凝沉淀工艺的微生物去除效能及群落结构解析

细菌与其他生物和环境条件一起构成水体生态系统,是水体生态系统的重要组成部分,参与物质循环和能量的流动,菌落总数直接影响水质的好坏,菌落总数越多,其中致病菌的含量也相应增加,给人们的健康带来潜在的威胁。

前期实验已证明 CBF 对菌落总数有较好的去除效果。本节将开展 CBF 强化絮凝对不同季节水源水中菌落总数的去除效能以及微生物群落结构变化规律的研究,以期对基于絮凝沉淀工艺中 CBF 的实际应用提供理论依据及技术支持。

5.4.1 微生物去除效能研究

本实验针对北方地表水源水四个典型季节,即春季、夏季、秋季、冬季,研究了微生物(菌落总数)群落不同时期的变化规律,并通过 CBF 和 PAFC 的不同投加量探讨不同配比对微生物的去除效能。提出有针对性的 CBF 强化絮凝方案,为 CBF 强化絮凝技术在给水厂中的应用提供技术支持。

(1)不同时期微生物生长规律。

对地表水源水一年四季菌落总数进行调查,其不同时期菌落总数消长规律见图 5 - 19。

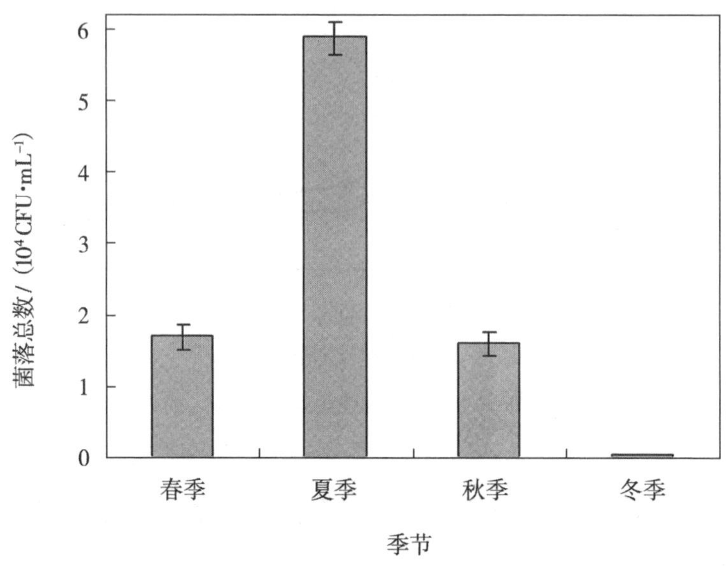

图 5 - 19　不同时期菌落总数生长规律

如图 5 - 19 所示,菌落总数随着春、夏、秋、冬的变化,呈现先增加后减少的现象。夏季菌落总数最大,接近 6.0×10^4 CFU/ mL;而冬季菌落总数最小,仅为 550 CFU/ mL。而在春季、秋季的典型季节转化期,菌落总数为 1.6×10^4 ~ 1.7×10^4 CFU/ mL。我国《生活饮用水卫生标准》(GB 5749—2022)规定饮用水中的菌落总数不得超过 100 CFU/ mL,而大多数地表水体中会含有一定的致病菌,如大肠杆菌、大肠埃希氏菌等,因此给水厂出水一定要进行消毒处理。给水厂中典型的消毒方法有氯消毒、二氧化氯消毒、臭氧消毒和紫外线消毒等,其中氯消毒和二氧化氯消毒会产生对人体有害的消毒副产物,臭氧消毒和紫外线消毒投资运营成本高,且持续的杀毒能力较弱。因此,菌落总数的高效去除,有利于减轻消毒工序负荷,降低消毒副产物残留风险,节约成本。

(2)春季微生物去除效能研究。

原水水质:浊度为25.20 NTU,水温为13.22 ℃,pH值为6.9,菌落总数为1.7×10^4 CFU/ mL。根据前期实验结果,确定絮凝沉淀工艺复配实验的投加量范围,CBF投加量为0 mg/L、1.0 mg/L、2.0 mg/L、3.0 mg/L和4.0 mg/L,PAFC的投加量为5.0 mg/L、10.0 mg/L、15.0 mg/L、20.0 mg/L和25.0 mg/L,考察菌落总数的变化,实验结果见图5-20。

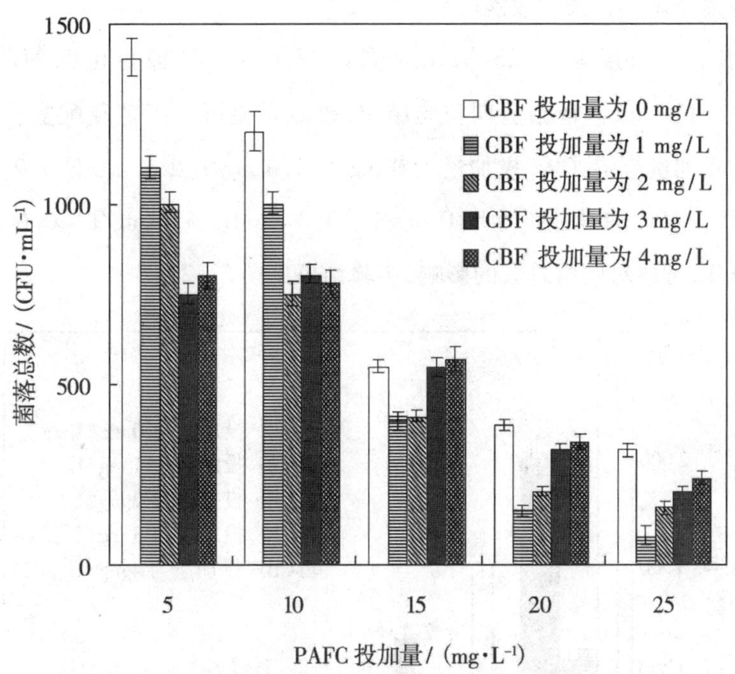

图5-20 春季絮凝沉淀工艺菌落总数变化情况

从图5-20中可知,菌落总数随PAFC投加量增加而减少,复配后对菌落总数的减少起到促进作用,当CBF复配浓度为1 mg/L,PAFC为25 mg/L时,菌落去除率达到最大,为99.53%,菌落总数为80 CFU/mL,低于《生活饮用水卫生标准》(GB 5749—2022)所规定的限值。从图5-20可以看出,PAFC与CBF复配使用对菌落总数的去除效果显著,并且达到相同处理效果时,复配使用CBF与PAFC的总投加量,低于单独使用PAFC时的投加量。同时还可知,在PAFC投加量小于10 mg/L时,CBF的强化絮凝作用不明显,当PAFC大于10 mg/L,且

CBF 的投加量较低时,强化絮凝作用明显。综合来看,确定 CBF 为 1 mg/L,PAFC 为 20 mg/L 时,菌落去除率达到 99.12%。在单独添加 PAFC 处理组中,当添加浓度为 25 mg/L 时,菌落总数最少,为 320 CFU/mL,去除率达到 98.12%。从图 5-20 看出,其菌落总数变化规律与"5.3.3 春秋季节中试实验结果与分析"指标变化规律较一致,说明絮凝沉淀工艺中 CBF 能够起到强化絮凝作用,两种絮凝剂能够较好地协同处理主要污染指标。

(3)夏季微生物去除效能研究。

原水水质:浊度为 80.25 NTU,水温为 25.6 ℃,pH 值为 6.8,菌落总数为 5.9×10^4 CFU/ mL。根据前期实验结果,确定絮凝沉淀工艺复配实验 CBF 与 PAFC 的投加量范围,CBF 投加量为 0 mg/L、1.0 mg/L、2.0 mg/L、3.0 mg/L 和 4.0 mg/L,PAFC 的投加量为 5.0 mg/L、10.0 mg/L、15.0 mg/L、20.0 mg/L 和 25.0 mg/L,考察对菌落总数的影响,实验结果见图 5-21。

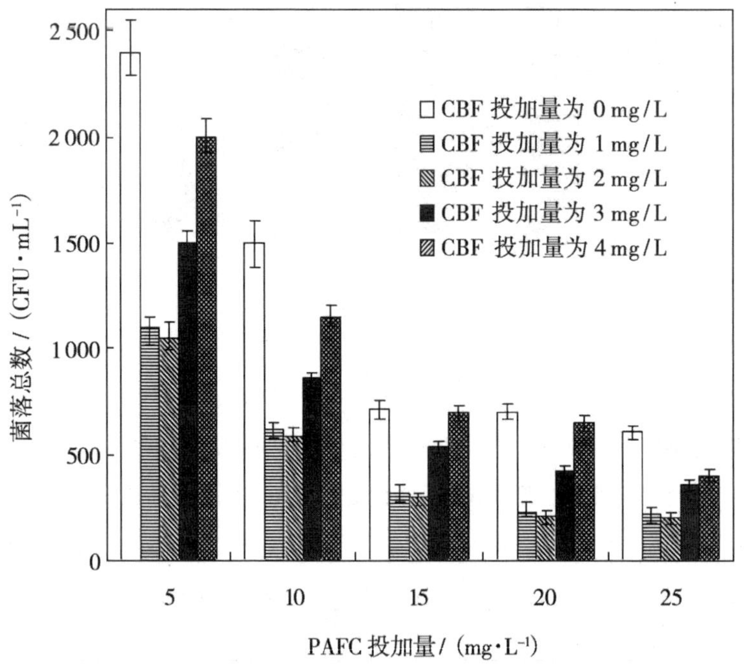

图 5-21 夏季絮凝沉淀工艺菌落总数变化情况

从图 5-21 可以看出,夏季菌落总数变化情况与"5.3.2 夏季高温季节中试实验结果与分析”章节的浊度变化规律较相似。当 PAFC 与 CBF 复配时,CBF 具有明显的强化絮凝作用,CBF 的投加对菌落总数的去除率有显著提高作用。当 PAFC 的投加量一定时,菌落总数随着 CBF 投加量的增加先减少后增加,在 CBF 投加量为 2 mg/L 时,强化絮凝效果最佳。并且达到相同处理效果时,CBF 与 PAFC 的投加量均明显减少。

在 CBF 与 PAFC 的投加量分别为 1 ~ 2 mg/L 和 10 mg/L 时,菌落总数为 590 ~ 620 CFU/mL,去除率达到 98.95% 以上,去除率均高于单独添加 PAFC 处理组。PAFC 投加量在 15 ~ 25 mg/L 时,虽然随着 PAFC 投加量的增加菌落总数在减少,但是效果不明显,说明 CBF 的强化絮凝作用没有进一步增强。在 CBF 与 PAFC 的投加量分别为 2 mg/L 和 25 mg/L 时,菌落总数仅为 200 CFU/mL,去除率达到 99.66%,菌落总数为所有处理组中最低的。综合考虑处理效果与经济因素,确定最佳复配比为 $m(\mathrm{PAFC}):m(\mathrm{CBF})=15:1$,此时菌落总数为 320 CFU/mL,去除率为 99.46%。很明显 PAFC 与 CBF 的复配使用强化了菌落总数去除效果,推测产生上述结果除了与两者絮凝机理的共同作用有关,也与 CBF 具有生物大分子结构的特点且胞外聚合物本身易于吸附微生物等微小粒子有关。

(4)秋季微生物去除效能研究。

原水水质:浊度为 38.78 NTU,水温为 15.3 ℃,pH 值为 7.1,菌落总数为 1.6×10^4 CFU/ mL。根据前期实验结果,确定絮凝沉淀工艺复配实验 CBF 与 PAFC 的投加量范围,CBF 投加量为 0 mg/L、1.0 mg/L、2.0 mg/L、3.0 mg/L 和 4.0 mg/L,PAFC 投加量为 5.0 mg/L、10.0 mg/L、15.0 mg/L、20.0 mg/L 和 25.0 mg/L,考察对菌总数的影响,实验结果见图 5 - 22。

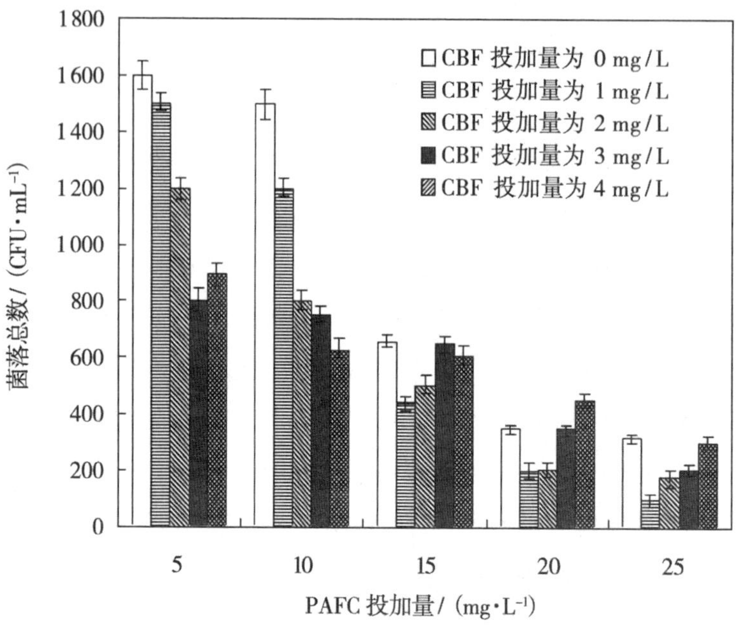

图 5-22　秋季絮凝沉淀工艺菌落总数变化情况

从图 5-22 中可以看出，CBF 具有明显的强化絮凝作用，复配浓度为 CBF 1 mg/L、PAFC 25 mg/L 时，菌落总数去除率为此次实验所有处理组中最高的，为99.38%，菌落总数为 100 CFU/mL。综合经济及技术因素，确定最佳复配工艺为 PAFC 15～20 mg/L、CBF 1 mg/L，菌落总数为 200～440 CFU，去除率为 97.25%～98.75%。此结果与“5.3.3 春秋季节中试实验结果与分析”结果较为相似。

(5)冬季微生物去除效能研究。

原水水质：浊度为 12.32 NTU，水温为 3.3 ℃，pH 值为 7.1，菌落总数为 550 CFU/ mL。根据前期实验结果，确定强化絮凝工艺复配实验 CBF 与 PAFC 的投加量范围，CBF 投加量为 0 mg/L、1.0 mg/L、2.0 mg/L、3.0 mg/L 和 4.0 mg/L，PAFC 投加量分为 5.0 mg/L、10.0 mg/L、15.0 mg/L、20.0 mg/L 和 25.0 mg/L，考察对菌落总数的影响，实验结果见图 5-23。

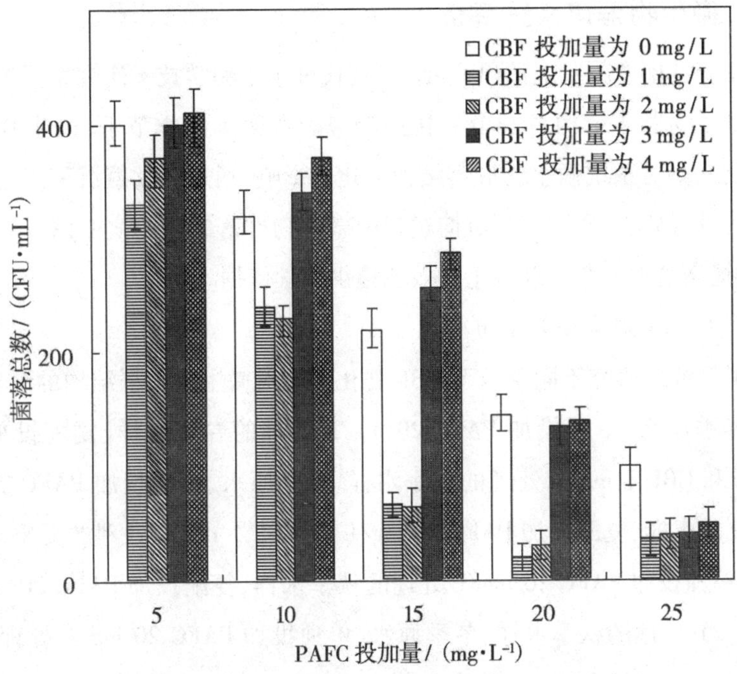

图5－23　冬季絮凝沉淀工艺菌落总数变化情况

图5－23所示冬季絮凝沉淀工艺菌落总数变化的情况与“5.3.1 冬季低温季节中试实验结果与分析”指标变化规律相似，说明絮凝沉淀工艺中菌落总数与浊度等指标存在协同去除效应。如图5－23所示，CBF强化絮凝去除冬季低温水菌落总数效果显著，随着PAFC投加量的增加，菌落总数不断减少。低投加量下的CBF强化絮凝效果最好，而在PAFC投加量小于20 mg/L、CBF投加量大于2 mg/L时，强化絮凝效果不佳，菌落总数已经大于单独投加PAFC处理组。

从图5－23可以看出，在CBF与PAFC的投加量分别为1 mg/L和20 mg/L时，菌落总数最低，为20 CFU/mL，去除率达到96.36%。在PAFC投加量大于15 mg/L、CBF投加量为1～2 mg/L时，各处理组菌落总数差别不显著。综合考虑处理效果与经济因素，确定最佳复配比为m(PAFC)∶m(CBF)＝15∶1，菌落总数为67 CFU/mL，去除率达到87.82%，其菌落总数满足《生活饮用水卫生标准》(GB 5749—2022)的相关要求。

5.4.2 微生物群落系统解析

运用变性梯度凝胶电泳(DGGE)等现代分子生物学技术研究絮凝沉淀工艺系统中微生物群落结构对季节变化的响应。考察不同季节下,微生物絮凝剂CBF强化絮凝对系统微生物群落结构变化的影响,通过对絮凝沉淀工艺中的微生物群落进行分析,研究絮凝沉淀过程中微生物群落结构的演变以及动态变化规律,为提高给水工艺处理微生物效能提供科学依据。

(1)总DNA提取和PCR扩增。

为了系统地研究不同季节下CBF强化絮凝对微生物种群结构的演替变化,分别取春季原水、单独投加PAFC 20 mg/L处理的春季水样、复配投加PAFC 20 mg/L和CBF 1 mg/L处理的春季水样、夏季原水、单独投加PAFC 20 mg/L处理的夏季水样、复配投加PAFC 20 mg/L和CBF 1 mg/L处理的夏季水样、秋季原水、单独投加PAFC 20 mg/L处理的秋季水样、复配投加PAFC 20 mg/L和CBF 1 mg/L处理的秋季水样、冬季原水、单独投加PAFC 20 mg/L处理的冬季水样、复配投加PAFC 20 mg/L和CBF 1 mg/L处理的冬季水样,对应的编号分别为1、2、3、4、5、6、7、8、9、10、11和12。DNA提取情况表明12个样品的DNA均已提出,目标条带在距离加样孔较近的上部,并无拖尾、短片段现象出现,提取到比较完整的细菌基因组DNA,说明DNA提取效果较好。

以提取的样品DNA作为模板直接进行聚合酶链式反应(PCR)扩增后发现,由于样品中含有过多的抑制剂,限制了Taq酶的活性,多数样品出现了非特异性扩增。在前期预实验基础上,对模板DNA按照1∶50的比例稀释,以稀释后的DNA样品为模板进行PCR扩增,并对PCR产物进行分析。12个样品均扩增出目标条带,且具有较好的亮度和纯度,没有出现非特异性扩增。PCR扩增效果较好,可进行DGGE分析。

(2)DGGE谱图分析。

如图5-24所示,DGGE Marker、春季原水、单独投加PAFC 20 mg/L处理的春季水样、复配投加PAFC 20 mg/L和CBF 1 mg/L处理的春季水样、夏季原水、单独投加PAFC 20 mg/L处理的夏季水样、复配投加PAFC 20 mg/L和CBF 1 mg/L处理的夏季水样、秋季原水、单独投加PAFC 20 mg/L处理的秋季水样、复配投加 PAFC 20 mg/L 和 CBF 1 mg/L 处理的秋季水样、冬季原水、单独投加 PAFC 20 mg/L处理的冬季水样、复配投加 PAFC 20 mg/L 和 CBF 1 mg/L 处理的冬季水样，对应的编号分别为 1、2、3、4、5、6、7、8、9、10、11、12 和 13。根据 DGGE 能分离长度相同而序列不同的 DNA 片段的原理，每一个条带都应与群落中的一个菌种相对应，条带数越多说明种群多样性越丰富。一般认为，DGGE 分析属于半定量技术，条带染色后的荧光强度可大致反映拥有该片段细菌的丰度，在 DGGE 图谱上就能充分显示出来，主要表现在处理条带的多少及其亮度强弱，即条带越亮，该菌丰度越高。微生物的生长代谢是一个比较复杂的生物化学过程，这种生物化学反应需要在较合适的温度范围内才能进行，因此，温度是影响微生物生长与存活的最重要因素之一。绝大多数微生物属于适温微生物，其最低生长温度为 10 ℃，低于 10 ℃便不能生长，大多数微生物的生长局限于 20 ~ 40 ℃。如图 5 - 24 所示，12 个水样及处理样品的 DGGE 条带图案比较清晰，原水中微生物的菌种从左到右，经历了泳道条带由较少变多，再由多变较少，最后变得少的过程，也就是说夏季菌种丰度较高，春季、秋季次之，冬季原水中微生物的菌种丰度最低，此规律与任南琪、李建政、陈坚等人的描述相符。同时，也可以看到不同样品的条带之间差异性也较显著，说明微生物的种群在不同季节强化絮凝系统运行过程中发生了较大变化。从图中可以看出投加 CBF 的强化絮凝处理组的菌种丰度和数量小于相同季节单独添加 PAFC 及原水的菌种丰度和数量，说明 CBF 的投加不会引入外来细菌，相反其强化絮凝作用对水中细菌的种类及数量具有较好的去除效果。

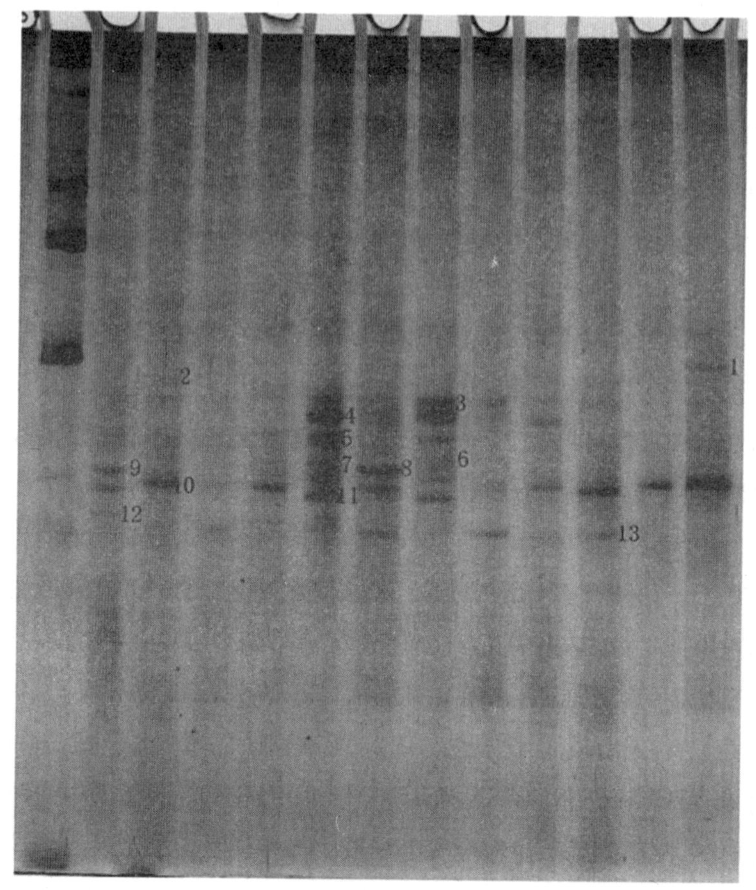

图 5－24　不同季节强化絮凝工艺 DGGE 图谱

对 DGGE 凝胶各泳道的条带进行比较（图 5－25），以 2 号样品即春季原水为对照组，将其余样品（除了 1 号 Marker）与之进行比较。从图 5－25 中可以直观了解到各个样品的条带多样性及分布程度。在整个运行过程中微生物种群结构发生了较大的变化，13 个条带中没有任何一个条带保持了相对稳定性。条带 1 对应的微生物种群仅在泳道 2（春季原水）中出现，在其他样品中均缺失，同样，条带 13 对应的微生物种群仅在泳道 6（夏季单独投加 PAFC）中出现，其他条带对应的微生物种群在不同泳道中均有相应的缺失。泳道 2、8 细菌种类较泳道 7、13、3、4、11 丰富，而在季节更替及强化絮凝过程中存在部分消失的劣势菌群。总的来说，泳道 2 中细菌种群多样性最为丰富，总共发现了 9 个条带，泳道 11 中仅出现 1 个条带，是所有样品中条带数量最少的。这些都说明了在不同季节的强化絮凝工艺运行过程中,微生物群落结构及数量都发生了较复杂的变化。

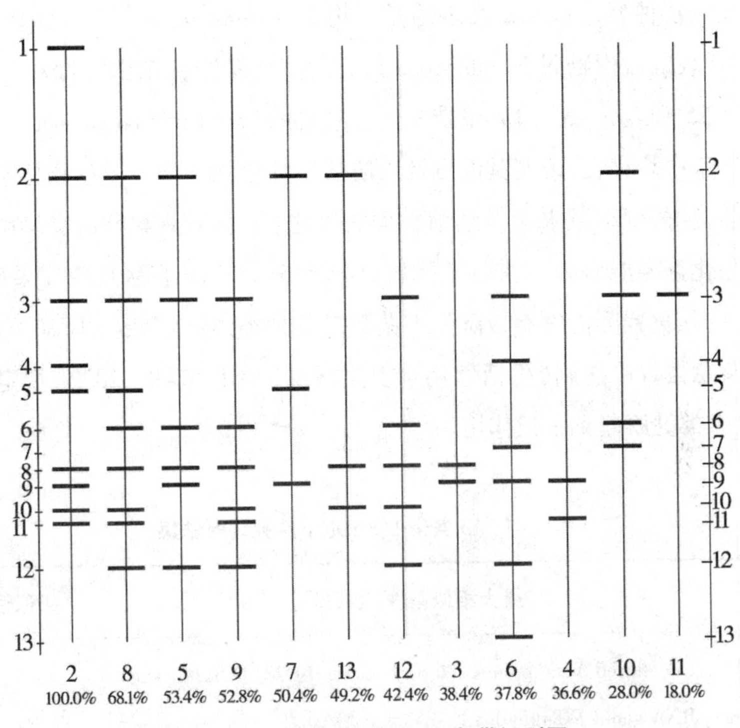

图5-25 不同泳道DGGE条带识别图

(3)16S rDNA测序与序列分析。

将不同时期及投加条件下的特征条带(220 bp左右)切胶,进行PCR扩增后纯化、克隆,挑取阳性克隆子进行测序,共获得13条不同的测序结果,将测序结果在GenBank上通过BLAST程序进行序列比对,找到与提交序列相似度最高的标准菌株,将比对得到的结果进行分析,13个条带(对应图5-24中数字1~13)16S rDNA序列的BLAST结果见表5-3。BLAST结果表明,这些克隆子与GenBank数据库中的已知细菌16S rDNA序列相似性最高为100%,最低为96%。在割胶获得的13个条带中,有2个条带属于节杆菌属(*Arthrobacter*),放线菌类群,1个条带属于短杆菌属(*Brevibacterium*),放线菌类群,其他均属于不可培养细菌。其中,条带1、6代表的微生物属于Proteobacteria类群(变形菌类群);条带5代表的微生物为 *Chlorobium*(绿菌属);条带7代表的微生物为

Rhodocyclus(红环菌属);条带 11 代表的微生物属于 Bacteroidetes 类群(拟杆菌类群),多生活在人或者动物的肠道中,有时成为病原菌,拟杆菌属(*Bacteroides*)是主要微生物种类;条带 12 代表的微生物为 *Nitrosomonas*(亚硝化单胞菌属);条带 13 代表的微生物属于 Sphingobacteriia 类群(鞘脂杆菌纲类群)。由图 5-24、图 5-25 和表 5-3 可知,条带 3 代表菌 Uncultured microorganism clone 在四个时期原水中均存在,说明其温度及水质适应性较强。春季及秋季原水中含有较多细菌类群,夏季原水含有细菌类群数次之,冬季细菌类群最少。微生物絮凝剂的强化絮凝能有效减少细菌类群,结合"5.4.1 微生物去除效果研究"结果,CBF 的强化絮凝能够有效降低细菌数量及种类,并能有效去除病原菌,处理后使菌落总数直接达到《生活饮用水卫生标准》(GB 5749—2022)规定的排放限值,对人类健康起到积极作用。

表 5-3　13 条带 16S rDNA 序列比对结果

条带	最大相似菌株(登记号)	相似性/%
1	Uncultured beta proteobacterium clone BO23 16S ribosomal RNA gene(JX844540.1)	98
2	Uncultured bacterium gene for 16S rRNA, partial sequence (AB479789.1)	100
3	Uncultured microorganism clone RB1_original76 16S ribosomal RNA gene(KF275267.1)	96
4	Uncultured bacterium isolate DGGE gel band 3 16S ribosomal RNA gene(GQ325264.1)	100
5	Uncultured *Chlorobi* bacterium clone C56 16S ribosomal RNA gene(GQ452907.1)	96

续表

条带	最大相似菌株(登记号)	相似性/%
6	Uncultured proteobacterium clone GASP - KA1W2_F03 16S ribosomal RNA gene(EU297323.1)	97
7	Uncultured *Rhodocyclaceae* bacterium partial 16S rRNA gene (AM268343.1)	99
8	*Arthrobacter uratoxydans* strain DSM 20647 16S ribosomal RNA gene(NR026238.1)	98
9	*Arthrobacter* sp. XBGRY2 16S ribosomal RNA gene (KJ184965.1)	100
10	*Brachybacterium* sp. enrichment culture clone NCP4 - 11 16S ribosomal RNA gene(KF992127.1)	100
11	Uncultured *Bacteroidetes* bacterium clone H2 - 37 16S ribosomal RNA gene(JF703442.1)	100
12	Uncultured *Nitrosomonas* sp. clone DSL_Nmon1 16S ribosomal RNA gene(JQ936521.1)	100
13	Uncultured *Sphingobacteriales* bacterium clone 8.19_4_8 16S ribosomal RNA gene(KF733476.1)	97

(4)16S rDNA 系统进化树分析。

将图5 - 24中的主要条带进行克隆测序后,在GenBank中比对,获得各条带的同源性信息,每条序列亲缘性最近的细菌与之亲缘关系最近的已鉴定的微生物构建系统发育树,明确在不同时期絮凝沉淀工艺处理过程中的微生物种类和数量变化的情况,系统进化树见图5 - 26。

从图 5 - 26 可知，主要的微生物优势种群来自不同的纲或属，各分枝之间进化距离较大，而且实验中分离到的很多菌种为未鉴定及培养菌种，其所属的具体种属和特性还不是很清楚。虽然有些条带在图谱中处于不同的位置，但其序列比对结果相似，进化距离也较近，如条带 2 与 4、条带 11 与 13，这些条带代表的细菌可能属于同一菌属，且有相似细菌特性。条带 3 与 5 遗传距离较近，都属于绿菌属（*Chlorobium*），且条带 3 在四个时期的原水中均存在，其温度及水质适应性较强，但通过 CBF 强化絮凝后均得到较好控制，条带 13 仅在夏季处理后出现，可能由于其数量较大，难以全部去除。而条带 5 在春季及秋季原水中存在，与条带 3 相比，其水质适应性略差。

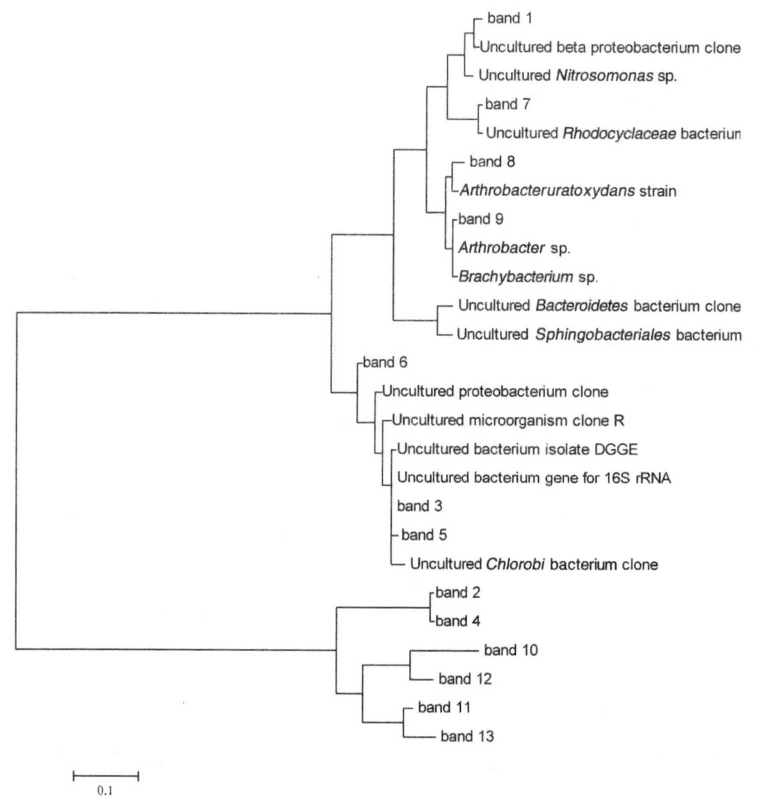

图 5 - 26　基于 DGGE 条带 16S rDNA 序列的细菌系统发育树

可以看出，在工艺运行过程中，不同时期不同运行条件过程中微生物群落发生明显变化，存在较大的微生物群落差异，验证了不同时期絮凝沉淀工艺中

CBF 的强化絮凝作用能够有效控制细菌的种类及数量，特别是有效控制病原微生物的种类及数量。絮凝沉淀工艺的 CBF 强化絮凝作用能够有效提高给水工艺的安全性，使消毒成本进一步降低。

5.5 本章小结

CBF 强化絮凝静态实验结果显示，PAFC – CBF、PAFC + CBF 实验组对去除水源水各类污染物质的性能优于单独投加 PAFC、CBF + PAFC 实验组，并可以在较低投加量的情况下获得相对较好的絮凝效果。复合投加或者复配投加可以在较宽的投加量范围内保持去除率稳定，在最佳投加量附近较单一絮凝剂具有一定优势，能够减小水质频繁波动对出水水质的影响。在 CBF 与 PAFC 的投加比例对絮凝效果影响实验组中，当投加比例为 1/20，PAFC 投加量大于 20 mg/L 时，与各投加比例组相比，浊度及 TOC 去除率达到最大值。证明了投加适量 CBF 不会引起有机物增加，并对有机物去除有良好的强化絮凝作用。

开发设计出一套絮凝沉淀设备，并基于絮凝沉淀工艺开展 CBF 强化絮凝处理各季节地表水源水效能研究。结果表明，CBF 与 PAFC 复配后在不同季节均对浊度、色度、TOC 和 UV_{254} 有较好的去除效果，最佳复配浓度出现在 CBF 的投加量为 1 ~ 2 mg/L，综合水质、经济及技术等因素考虑：冬季低温期，最佳复配浓度为 CBF 1 mg/L 与 PAFC 15 mg/L，浊度去除率达到 70.37%，色度去除率为 47.37%，TOC 去除率为 38.56%，UV_{254} 去除率为 37.44%；夏季高温期，确定最佳 CBF 与 PAFC 的投加量分别为 2 mg/L 和 15 mg/L，浊度去除率达到 95.20%，色度去除率为 83.33%，TOC 去除率为 56.32%，UV_{254} 去除率为 48.61%；春秋转换期，最佳复配浓度为 CBF 1 mg/L 与 PAFC 15 ~ 20 mg/L，浊度去除率为 87.62% ~ 90.56%，色度去除率为 80.00% ~ 83.33%，TOC 去除率为 37.53% ~ 39.44%，UV_{254} 去除率为 64.62% ~ 65.82%。

从不同时期地表水微生物消长规律研究结果可以看出，菌落总数随着春、夏、秋、冬的变化，出现先增加后减少的现象。夏季菌落总数最大，接近 6.0×10^4 CFU/ mL；而冬季菌落总数最小，仅为 550 CFU/ mL；而在春季、秋季典型季节转化期，菌落总数为 $1.6 \times 10^4 \sim 1.7 \times 10^4$ CFU/ mL。CBF 强化絮凝对不同时期地表水微生物去除效能影响结果显示，四个时期中，PAFC 与 CBF 复配使用对菌落总数的去除效果显著，去除效果显著高于单独投加 PAFC 处理组。

CBF 絮凝沉淀工艺微生物群落系统解析结果显示，在工艺运行过程中，不同时期不同运行条件过程中微生物群落发生明显变化，存在较大的微生物群落差异，证明了不同时期投加 CBF 强化絮凝均能够有效控制细菌的种类及数量，对潜在致病菌具有良好去除效果。CBF 强化絮凝作用能够有效提高给水工艺的安全保障，进一步降低后续消毒成本。

第 6 章　微生物絮凝剂掺杂聚乳酸促进市政污水悬浮载体挂膜效能

6.1　改性载体的制备

6.1.1　PLA 改性载体的制备

图 6－1 所示为 PLA 改性载体,其制备方法如下。

(1)将 10% PLA 溶解在少量 $CHCl_3$ 溶液中。

(2)向溶解了 PLA 的溶液中加入过饱和氯化钠溶液,并在 65 ℃水浴中完全溶解。

(3)将 HDPE 悬浮填料放入烧杯中,取出溶解有 PLA 的溶液冷却至室温,然后倒入烧杯中直至将填料覆盖。

(4)用磁力搅拌器搅拌覆盖了 HDPE 载体的溶液,直至填料表面附着均匀。

(5)将附着有 PLA 的 HDPE 在 101 ℃烘箱中烘干 24 h。PLA 与 HDPE 填料紧密结合,在填料表面形成乳白色的“涂层”结构。

(6)改性载体用蒸馏水洗涤以洗去致孔剂(氯化钠),干燥备用。

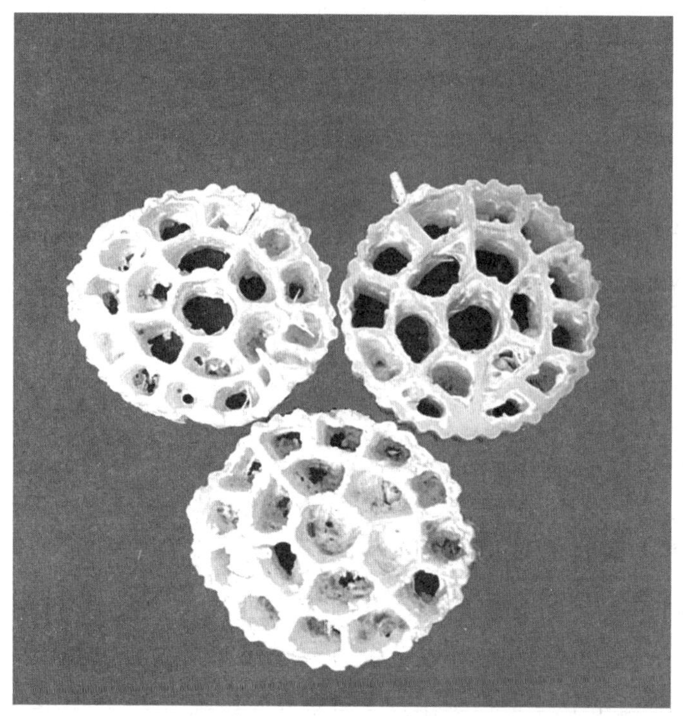

图 6-1 PLA 改性载体

6.1.2 CBF 掺杂 PLA 改性载体的制备

图 6-2 所示为 CBF 掺杂 PLA 改性载体，其制备方法如下。

(1)将 10% PLA 溶液溶解在少量 $CHCl_3$ 溶液，加入一定量 CBF。

(2)向溶解了 PLA 和 CBF 的溶液中加入过饱和氯化钠溶液，并在 65 ℃水浴中完全溶解。

(3)将 HDPE 悬浮填料放入烧杯中，取出溶解有 PLA 和 CBF 的溶液冷却至室温，然后倒入烧杯中直至将填料覆盖。

(4)用磁力搅拌器搅拌覆盖了 HDPE 载体的掺杂有 PLA 和 CBF 的溶液，直至填料表面附着均匀。

(5)将附着有 PLA 与 CBF 的 HDPE 在 101 ℃烘箱中烘干 24 h。CBF 掺杂 PLA 与 HDPE 填料紧密结合，在填料表面形成黄白色的“涂层”结构。

(6)改性载体用蒸馏水洗涤以洗去致孔剂(氯化钠)，干燥备用。

图 6－2　CBF 掺杂 PLA 改性载体

6.2　改性载体的表征

6.2.1　光学显微镜

从图 6－3(a)和(b)中可以清楚地发现 PLA 具有多孔结构(直径在 3～100 μm不等)。在图 6－3(a)中,可以观察到 PLA 与 CBF 混合,但在图 6－3(b)中没有。这是因为有机溶剂可以溶解 PLA、多糖和蛋白质,但不能溶解氯化钠。在 65 ℃ 时,溶解溶质的有机溶剂会继续挥发,留下 PLA 与 CBF 混合黏附在载体表面。由于氯化钠过饱和溶液的存在,冷却会导致部分氯化钠混入 PLA 物料中。用蒸馏水洗涤冷却后的改性材料,可洗去部分氯化钠,使 PLA 材料具有三维多孔结构。

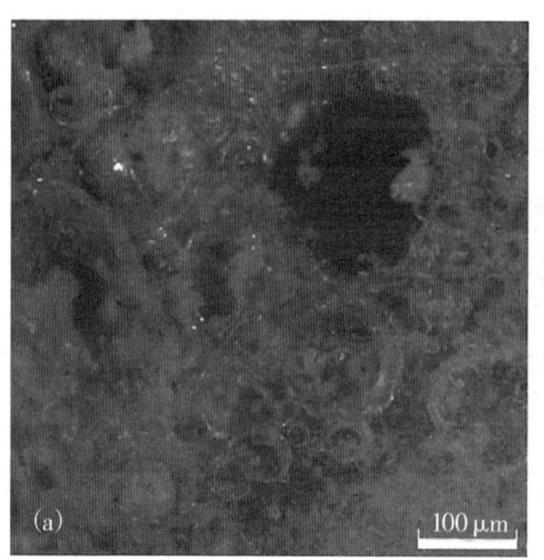

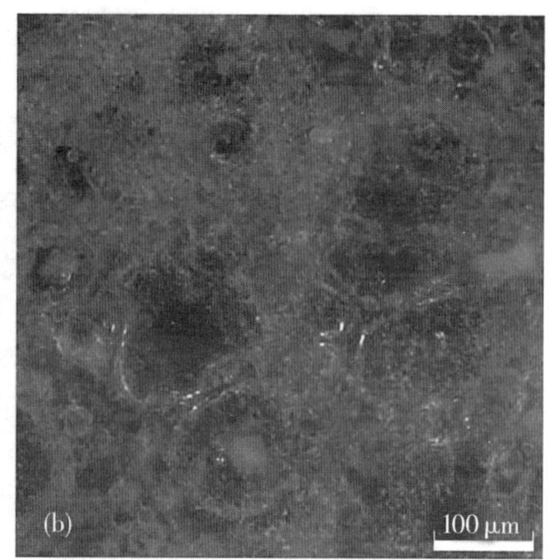

图 6-3　光学显微镜下的聚乳酸孔状结构

(a)复合生物絮凝剂掺杂聚乳酸;(b)纯聚乳酸改性载体。

6.2.2　原子力学显微镜

图 6-4(a)表明,CBF 掺杂 PLA 后在 HDPE 骨架表面形成一层孔状结构,孔径为 3～20 μm。相较于常规光学显微镜的成像,原子力学显微镜更是可以看到材料表面的三维结构。图 6-4(b)表明,材料表面的 PLA 结构相对来说更加均匀和平滑,一旦材料表面附着 CBF 将变得粗糙。CBF 材料表面能看到更多的多孔结构,这与图 6-5(b)观察到的 CBF 更为粗糙的多孔结构相似。

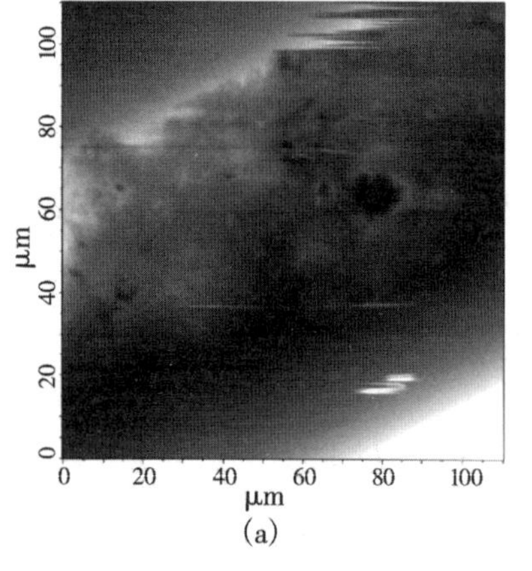

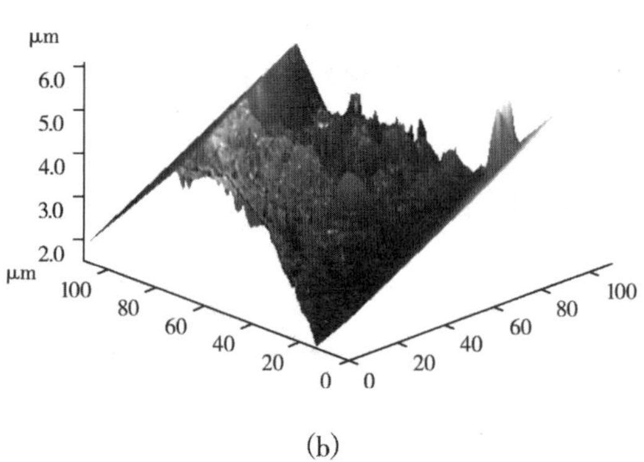

图 6-4　CBF 掺杂 PLA 材料原子力成像图

6.2.3 扫描电子显微镜

SEM 图像(图6-5)显示两种改性材料均具有多孔结构,尽管两种材料的多孔结构并不均匀,孔径范围为3~100 μm,如图6-5(a)和(b)所示。这可能是由于所用氯化钠在反应体系内结晶析出不规律造成的。从图6-5(c)可以看出,PLA 改性载体除了有较多孔径为6~100 μm 的大孔外,还有较少孔径为1~3 μm 的孔结构。比较两种改性载体的孔径,可以发现掺杂 CBF 的 PLA 改性载体还具有密度更大、孔径更小的孔结构。与 PLA 改性载体相比,由于 CBF 中的多糖和蛋白质的溶解,CBF 中所含的多糖和蛋白质等结构更大的分子受到氯化钠结晶体不均匀掺杂,导致 CBF 掺杂 PLA 载体0.5~3.0 μm 的孔分布更多,孔隙密度更大,详见图6-5(b)和(d)。

研究发现,微生物集中在材料表面的缝隙中,PLA 表面相对光滑的区域分布的微生物较少。图6-5(e)显示细菌生长并黏附在 PLA 的"凹槽"表面。PLA 表面的生物膜分布不均,被 PLA 的孔隙分成无数个"凹槽",细菌集中在这些"微区"中。Motta 等人发现细菌对多孔材料的吸附与其比表面积无关,比表面积主要体现在微孔(孔径2~50 nm)和介(中)孔(孔径50~200 nm)上。影响吸附的因素之一是材料表面的大于微生物尺寸的孔隙。Abit 等人的研究也曾表明大肠杆菌更容易吸附在孔径为5~10 μm 或孔径更大的材料表面。在连续运行的反应器中也观察到,当填料具有大量有利于微生物生长的凹槽时,能首先在其表面观察到生物膜的出现。PLA 表面和内部的微孔和介(中)孔结构是吸附能力的主要来源。此外,极大的孔内部还可以嵌套其他孔径的大孔,能提高多孔材料在吸附细菌颗粒过程中的内表面利用率,最终促进菌体启动期的定殖过程。如图6-5(e)和(f)所示,掺杂 CBF 的 PLA 修饰的 A 组生物膜具有更丰富的细胞群落和细菌黏附的基质物质,表明掺杂 CBF 的修饰载体确实可以促进细菌的快速生长。

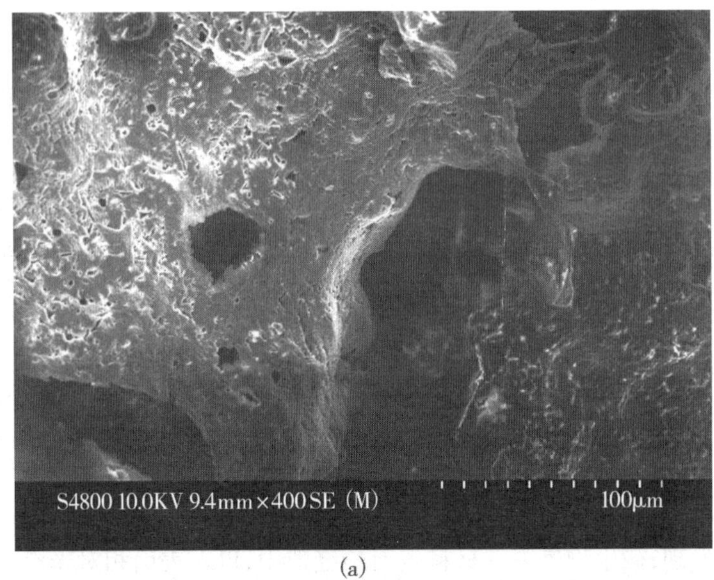
S4800 10.0KV 9.4mm×400SE (M)
100μm

(a)

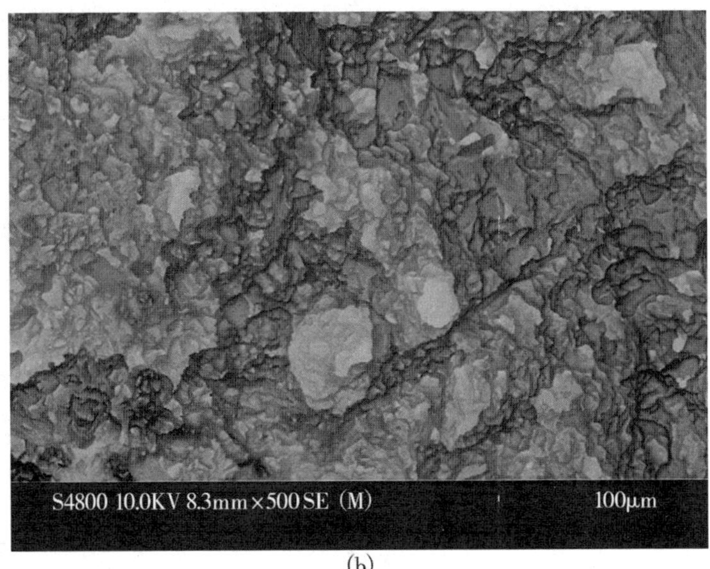
S4800 10.0KV 8.3mm×500SE (M)
100μm

(b)

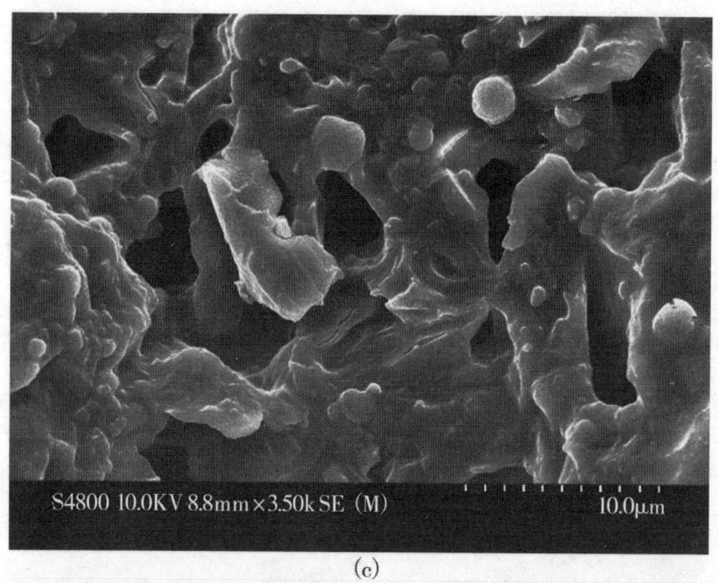
S4800 10.0KV 8.8mm×3.50k SE (M)
10.0μm

(c)

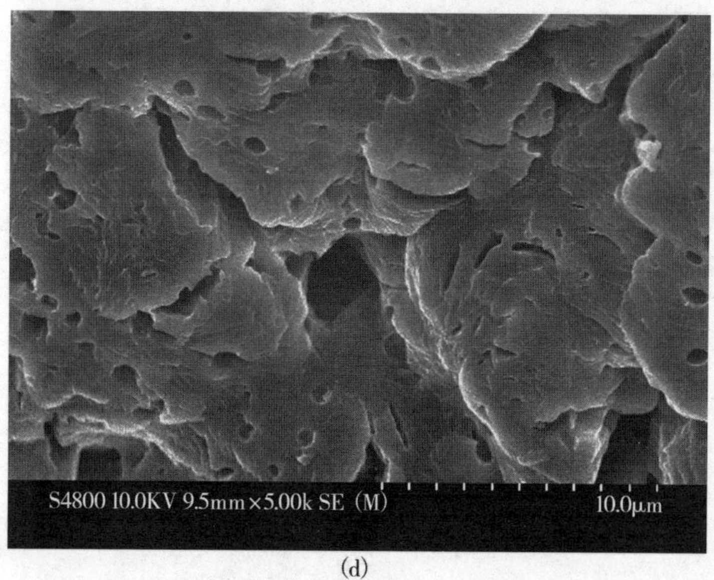
S4800 10.0KV 9.5mm×5.00k SE (M)
10.0μm

(d)

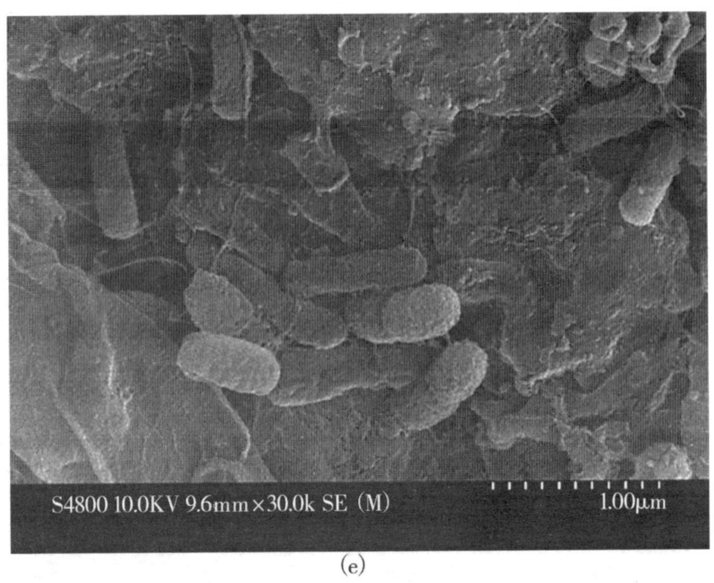

(e)

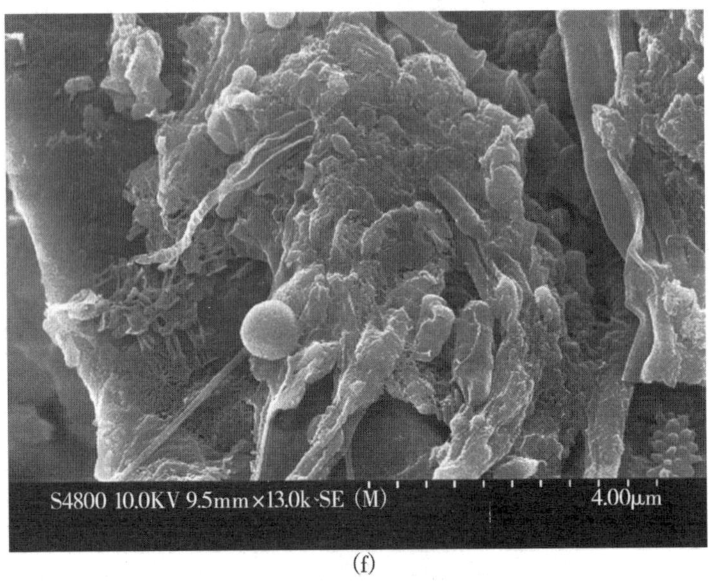

(f)

图 6－5　PLA 三维结构的 SEM 图

(a) PLA 改性材料;(b) CBF 掺杂 PLA 改性材料;(c) PLA 改性材料;(d) CBF 掺杂 PLA 改性材料;(e) PLA 改性材料挂膜;(f) CBF 掺杂 PLA 改性材料挂膜。

6.2.4　官能团

图 6－6 为微生物絮凝剂红外图。图 6－7 为 PLA 改性载体和 CBF 掺杂

PLA 改性载体的傅立叶红外光谱图。图 6－7 显示 2 993 cm^{-1}和 2 945 cm^{-1}处的峰归属于 C—H 伸缩振动峰。光谱显示在 1 752 cm^{-1}处的尖峰是羰基的伸缩振动峰。1 087 cm^{-1} 处的峰值归因于 C—O 伸缩振动。PLA 的红外光谱在 1 185 cm^{-1} 处有一个强烈的峰，表明存在 C—O—C 伸缩振动。

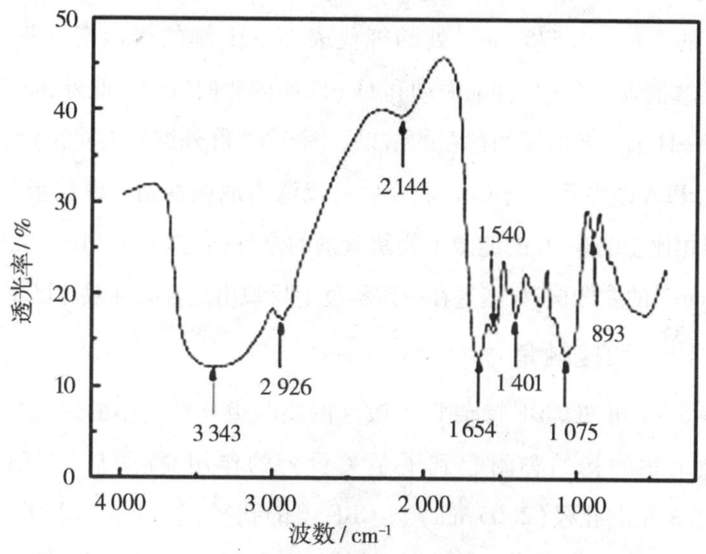

图 6－6　微生物絮凝剂红外图

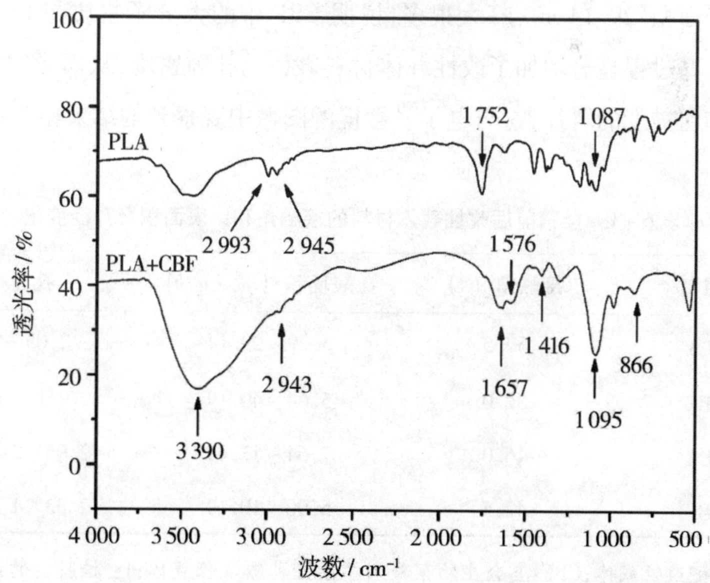

图 6－7　PLA 改性载体和 CBF 掺杂 PLA 改性载体红外图

与PLA改性材料相比,CBF掺杂PLA改性载体在官能团上有很大的变化。—OH和—NH_2特征在3 390 cm^{-1}处的宽拉伸峰。在2 943 cm^{-1}处观察到一个弱而尖锐的C—H不对称伸缩振动带。1 657 cm^{-1}和1 416 cm^{-1}处的峰均表示存在C═O。前者是酰胺基团中C═O的特征峰,而后者可以归因于羧酸盐中的不对称C═O的拉伸。1 576 cm^{-1}处的峰代表N—H键的面内弯曲振动。1 095 cm^{-1}处的峰值表示C—O伸缩振动和O—H面内弯曲振动。此外,866 cm^{-1}处的峰值是N—H面外弯曲振动存在的结果。图6-7红外结果表明,与纯PLA改性载体相比,PLA改性载体与CBF混合后可以清晰地观察到多糖和蛋白质的官能团。虽然相比于图6-6的纯微生物絮凝剂的红外图,掺杂了PLA的红外图发生了6~40 cm^{-1}的左侧偏移,但这在一定程度上反映出复合改性载体已制备成功。

6.2.5 BET和接触角

由表6-1可知,CBF掺杂PLA改性的实验组具有更小的接触角(52°),这可能对微生物的初始黏附起到了至关重要的作用,挂膜后,接触角降低到42.5°。PLA组的孔径(2.05 nm)与CBF组的孔径(2.11 nm)相差不大,说明CBF主要影响较大的孔径。CBF组的最大比表面积(40.19m^2/g)比PLA组的最大比表面积(29.14 m^2/g)大很多,说明CBF中的大分子物质与PLA的互溶和冷却定型过程显著增加了改性载体材料表面的孔隙密度,从而导致材料的比表面积和粗糙度的增加,这与电子显微镜的图像中观察到的结果相一致。

表6-1 挂膜前后改性载体材料的接触角和比表面积及孔径变化

组名	接触角/(°)	比表面积/($m^2\cdot g^{-1}$)	孔径/nm
PLA[1]	57.5	5.29~29.14	2.05~9.05
CBF[1]	52.0	5.64~40.19	2.11~6.20
PLA[2]	46.0	7.64~17.41	2.05~2 256.51
CBF[2]	42.5	5.90~10.19	2.33~1 410.52

PLA:聚乳酸改性载体;CBF:复合生物絮凝剂掺杂聚乳酸改性载体;1:挂膜前的载体;2:挂膜后的载体。

与成膜前的载体相比,无论是 PLA 组还是 CBF 组,成膜后的载体材料接触角都较小,表明载体材料的亲水性能得到了显著增强。挂膜后,PLA 组材料具有比 CBF 组材料更大的最大比表面积(17.41 m^2/g)。这可能是因为混入 PLA 中的 CBF 有一部分溶解,从而造成材料的孔状结构的扩大,但是微生物在材料表面的定殖导致许多孔隙被堵塞,此外,孔结构对水中其他物质的吸附也是比表面积减小的主要原因。从 PLA 组和 CBF 组的整体来看,可以发现最小孔径仍然没有太大差异。但从最大孔径结果来看, PLA 组的最大孔径(2 256.51 nm)显然比 CBF 组(1 410.52 nm)的大。虽然 PLA 结构在后期会因为水力冲刷作用导致孔结构的损坏和孔径的扩大,但 CBF 组的载体表面黏附有更多的微生物,微生物在微米级孔径上的定殖会导致部分较大孔径的堵塞,从而导致最大孔径的减小。尽管 BET 测试结果表明挂膜后的材料最大孔径仍然小于扫描电镜和光学显微镜以及原子力学显微镜所观察到的孔径,但是,由于 BET 测试过程中对大于 100 μm 孔径的检测结果仅作为参考,所以 PLA 改性载体的孔径范围应该为 2 nm ~ 100 μm,涵盖的孔径范围非常广泛。

6.2.6 表面自由能

经典的 DLVO 理论是一个成熟的理论,用于描述带电胶体粒子在液体中的稳定性。XDLVO 理论是一种用于定量描述两平面固体表面之间的表面自由能的理论。因此,能够更好地解释和预测的 XDLVO 理论可以预测微生物黏附在载体上需要克服的能量屏障,从而判断微生物黏附在不同修饰载体上的难度。微生物需要克服的能量屏障主要由三部分组成。

根据 XDLVO 理论,微生物细胞相互作用的总能量(W^{T})为范德华相互作用能(W^{LW})、静电相互作用能(W^{EL})和路易斯酸碱自由能(W^{AB})之和。将总能量表示为细菌之间的分离距离(h)的函数,并基于表面热力学方法计算,假设颗粒污泥是规则球体,计算方程如公式(6-1)所示。

$$W^{T} = W^{LW} + W^{EL} + W^{AB} \tag{6-1}$$

(1)范德华相互作用能

$$W^{LW}=2\pi\Delta G_{y_0}^{LW}\frac{y_0^2a_c}{h} \tag{6-2}$$

$$\Delta G_{y_0}^{LW}=2(\sqrt{\gamma_B^{LW}}-\sqrt{\gamma_L^{LW}}) \tag{6-3}$$

式中，$\Delta G_{y_0}^{LW}$——平衡距离处范德华作用力(N)；

γ_B^{LW}——固体材料面的范德华张力(N)；

γ_L^{LW}——液体表面的范德华张力(N)；

y_0——最小平衡截止距离(nm)，通常设定为 0.158 nm（±0.009 nm），可以视为相邻非共价相互作用的外电子壳层(范德华边界)之间的距离；

a_c——球状细菌的平均半径(nm)；

h——细菌与材料表面之间的距离(nm)。

(2) 静电相互作用能

$$W^{EL}=2\pi\varepsilon_\gamma\varepsilon_0a_c\xi_m\xi_c \tag{6-4}$$

式中，$\varepsilon_0\varepsilon_\gamma$——悬浮流体的介电常数；

ξ_m——材料的 Zeta 电位(mV)，详见表 6-5；

ξ_c——细菌表面的 Zeta 电位(mV)，背景电解质假设为 0.1 mol/L NaCl。

$$k=\sqrt{\frac{4e^2n_iz_i}{\varepsilon_\gamma\varepsilon_0KT}} \tag{6-5}$$

式中，e——电子电荷；

n_i——本体溶液中 i 离子的数量浓度(mol/L)；

z_i——离子 i 的化合价；

k——德拜屏蔽长度(nm)；

T——绝对温度(K)；

K——玻尔兹曼常数(J/K)。

（3）路易斯酸碱自由能

$$W^{AB}=2\pi a_c\lambda\Delta G_{y_0}^{AB}\exp\left(\frac{y_0-h}{\lambda}\right) \tag{6-6}$$

式中，$\Delta G_{y_0}^{AB}$——路易斯酸碱相互作用自由能（T）。

$$\Delta G_{y_0}^{AB}=2\left(\sqrt{\gamma_B^+\gamma_B^-}+\sqrt{\gamma_L^+\gamma_L^-}-\sqrt{\gamma_L^+\gamma_B^-}\right) \tag{6-7}$$

式中，γ_B^-——材料表面的电子受体张力（mJ/m^2）；

γ_B^+——材料表面的电子供体张力（mJ/m^2）；

γ_L^-——液体表面的电子受体张力（mJ/m^2）；

γ_L^+——液体表面的电子供体张力（mJ/m^2）；

λ——为水中细菌水化层的相关长度（nm），水性体系常用的 λ 值为 0.6 nm，参数见表 6－2。

$$(1+\cos\theta)\gamma_L^T=2\left(\sqrt{\gamma_B^{LW}\gamma_L^{LW}}+\sqrt{\gamma_B^+\gamma_L^-}+\sqrt{\gamma_B^-\gamma_L^+}\right) \tag{6-8}$$

$$\gamma^T=\gamma^{LW}+\gamma^{AB} \tag{6-9}$$

$$\gamma^{AB}=2\sqrt{\gamma^+\gamma^-} \tag{6-10}$$

式中，θ——接触角（°），各液体在不同材料表面的接触角见表 6－4；

γ_L^T——液面总张力（mJ/m^2）；

γ_L^{LW}——液面范德华张力（mJ/m^2）；

γ_B^{LW}——材料表面范德华张力（mJ/m^2）；

γ^T——总张力（mJ/m^2）；

γ^{LW}——范德华张力（mJ/m^2）；

γ^{AB}——路易斯酸碱作用力（mJ/m^2）；

（4）根据几何平均法得出表面自由能值，如公式（6－11）所示。测试液体为水、甘油和乙二醇，参数见表 6－3。

$$\Delta G_{adh}=\Delta G_{y_0}^{LW}+\Delta G_{y_0}^{AB} \tag{6-11}$$

式中，ΔG_{adh}——微生物与材料的表面自由能（mJ/m^2）。

表 6－2　液体的表面自由能

参数	值	单位
a_c	2×10^{3}	nm
λ	0.6	nm
y_0	0.158	nm
e	1.062×10^{-19}	C
N_A	6.022×10^{23}	mol^{-1}
I	0.1	mol/L
K	1.381×10^{-23}	J/K
ξ_c	－10	mV
ε_γ	80	
ε_0	8.85×10^{-3}	F/nm
T	298	K

表 6－3　液体的表面自由能

表面自由能/($mJ\cdot m^{-2}$)	水	甘油	乙二醇
γ^{LW}	21.8	34.0	29.0
γ^{+}	25.5	3.9	1.9
γ^{-}	25.5	57.4	47.0
γ^{AB}	51.0	29.9	18.9
γ^{T}	72.8	63.9	47.9

表 6-4　改性材料的接触角

接触角/(°)	PLA	PLA + CBF
水	73.5	81.8
甘油	40.5	58.2
乙二醇	44.5	26.7

表 6-5　改性材料表面的自由能及 Zeta 电位

表面自由能	HDPE	PLA	PLA + CBF
$\gamma^{LW}/(mJ\cdot m^{-2})$	33.70	30.52	34.02
$\gamma^{+}/(mJ\cdot m^{-2})$	0.06	1.65	1.46
$\gamma^{-}/(mJ\cdot m^{-2})$	1.60	8.07	2.67
$\gamma^{AB}/(mJ\cdot m^{-2})$	0.60	7.30	3.95
$\gamma^{T}/(mJ\cdot m^{-2})$	34.30	37.82	37.97
$\Delta G_{adh}/(mJ\cdot m^{-2})$	-38.64	-18.56	-28.57
Zeta 电位/mV	-5.20	-4.40	-13.05 ~ -4.03

根据表面热力学分析公式，计算出材料的自由能及与表面热力学有关的参数，结果如表 6-5 所示。表面自由能大小(ΔG_{adh})可用于测定改性材料表面的疏水性。此处，PLA + CBF 的 ΔG_{adh} 值(-28.57 mJ/m^2)低于 PLA 的 ΔG_{adh} 值(-18.56 mJ/m^2)。根据热力学理论，ΔG_{adh} 值低时，微生物之间更容易发生黏附。因此，证明添加 CBF 对 PLA 表面的热力学性质有积极的影响。虽然 HDPE

载体具有最小的比表面积，但与改性载体相比，HDPE 载体不具有多孔结构。因此，在实验结果上，HDPE 载体在微生物表面挂膜方面表现不佳。

HDPE、PLA、PLA + CBF 的总势能曲线上存在势能垒（图 6 - 8）。当微生物有足够的能量超过这个势能障碍时，生物膜将黏附在载体上。较低的能量屏障表明微生物聚集所需的能量较低。总势能曲线显示，HDPE 改性载体和 PLA 改性载体分别达到了 91.80 KT 和 70.96 KT 的能垒，而 PLA + CBF 改性载体达到了 50.38 KT 的能垒，表明 PLA + CBF 改性载体的能垒最低。结果表明，CBF 掺杂 PLA 改性载体具有较强的微生物聚集能力。

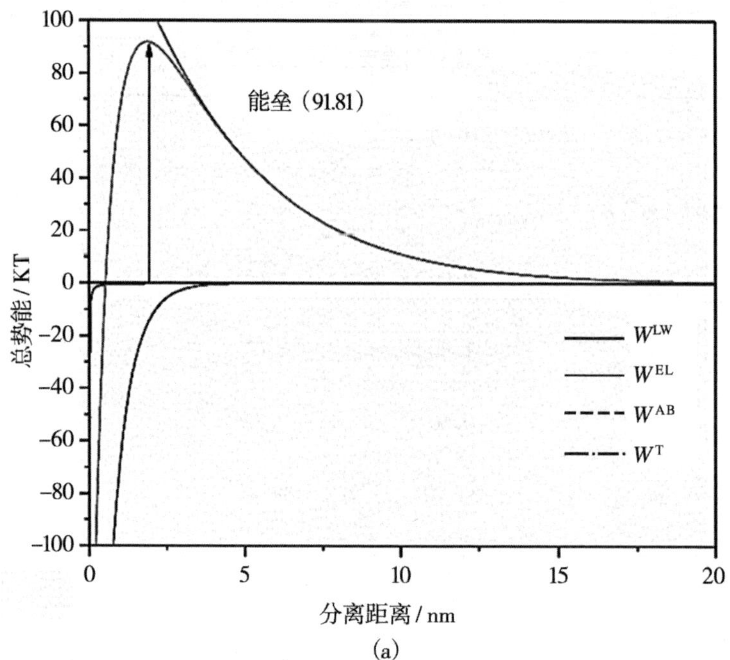

(a)

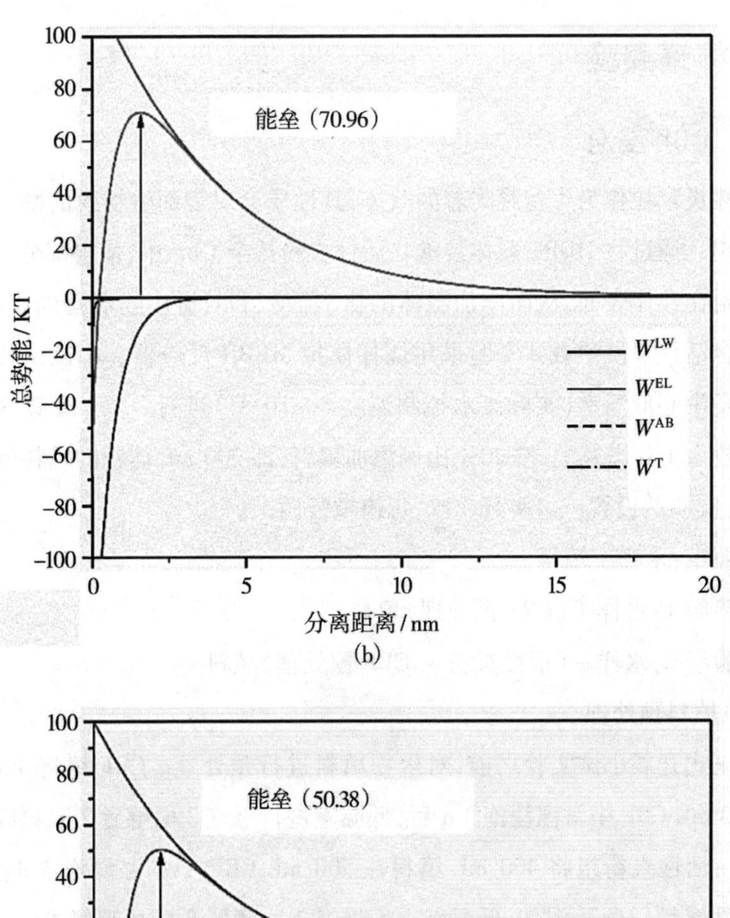

(b)

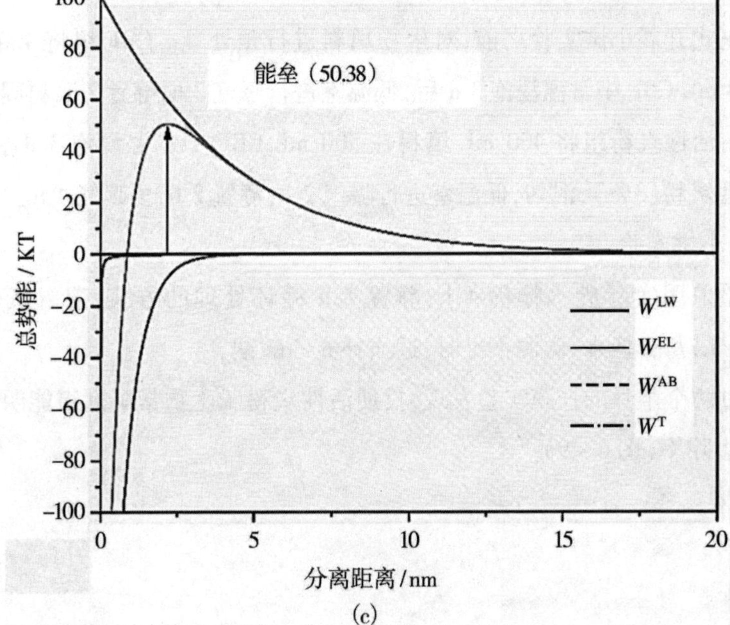

(c)

图 6－8 生物膜改性载体的不同能垒

(a) HDPE;(b) PLA;(C) PLA + CBF。

6.3 杯罐实验

6.3.1 CBF 浸泡

活性炭颗粒作为生物膜附着的载体,其性质会对表面生物膜的微生物特性产生影响。通过将 HDPE 载体浸泡在活性炭粉掺杂 CBF 中,使得部分活性炭粉颗粒黏附在载体表面,从而增加载体的比表面积和对微生物群落的黏附能力。CBF 混合活性炭浸泡载体实验采用烧杯模拟 MBBR 反应器。小试烧杯实验主要在研发中心低温室(实际废水控制温度 8 ~10 ℃)进行。取 1 L 曝气池泥水混合液放入 1 L 烧杯中,按 20% 比例添加填料,即 200 mL 体积的填料(约 22 个填料)。实验共设置三组平行实验,每组重复两次。

对照组:水样 + 填料

实验组 1:水样 +(CBF 预处理)填料

实验组 2:水样 +(活性炭粉 + CBF 预处理)填料

(1)填料预处理。

在正式开展小试实验之前,对生物填料进行预处理。CBF 组将 400 mL 填料在 500 mL CBF 中常温浸泡 3 d 后,低温室进行曝气 2 h,静置 2 h,再曝气 4 h;絮凝剂 + 活性炭粉组将 400 mL 填料在 500 mL CBF 中常温浸泡 3 d 后,加入 15 g 活性炭粉(3%),混匀,低温室进行曝气 2 h,静置 2 h,再曝气 4 h。

(2)小试实验。

实验采用实际废水曝气 4 h、静置 2 h 循环处理的方式,溶解氧保持在 3 ~5 mg/L,每日换水,碳源不足时,适当补充乙酸钠。

通过两个半月的挂膜实验发现,投加活性炭粉 + 生物絮凝剂组能明显提高 COD 的去除率(图 6 -9)。

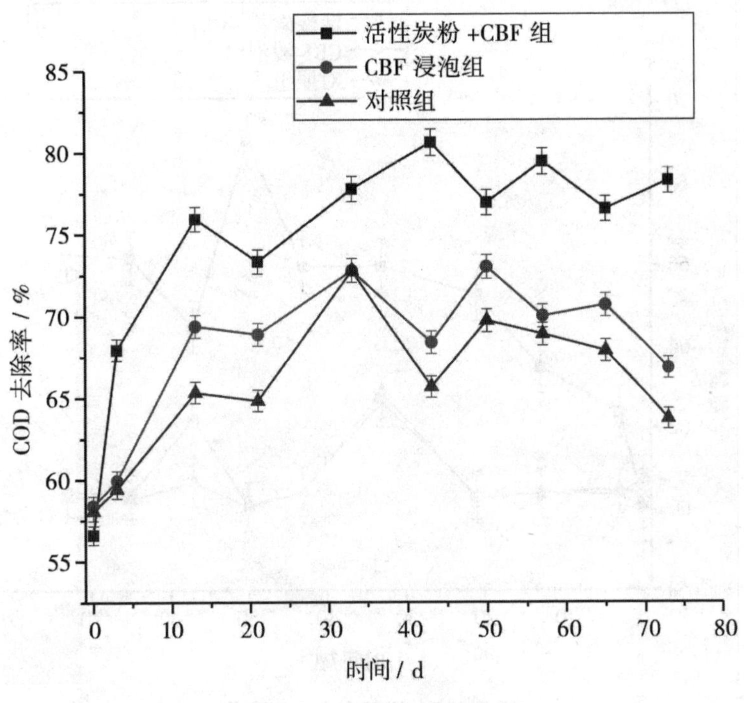

图 6 −9　COD 出水浓度变化

由图 6 −9 可知，相较于对照组和 CBF 浸泡组，活性炭粉 + CBF 组的 COD 去除率从 56.61% 提升到了 78.29%。在氨氮方面，CBF 浸泡组和对照组基本相同，保持在 60.06% ~62.66%。但活性炭粉 + CBF 组提升较大，从 60.10% 提升到了 69.10%（图 6 −10）。

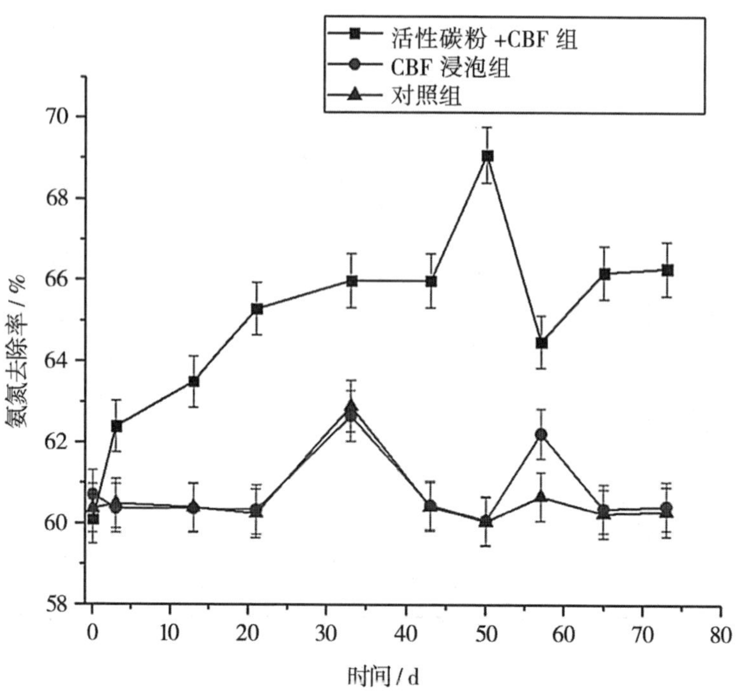

图 6-10 氨氮出水浓度变化

反应器生物量变化数据表明，同一时期，载体浸泡 CBF 过后生物膜的生物量比对照组高。反应器运行第 28 天之前，载体掺杂活性炭和 CBF 比纯浸泡 CBF 载体的生物量少。在反应器运行的第 28 天，两组生物量基本一致。第 35 天，活性炭粉 + CBF 组载体的生物量明显增多，从第 28 天的 2.46×10^{11}/g 增加到了 3.03×10^{11}/g。反应器末期，活性炭粉 + CBF 组载体的生物量达到了 5.12×10^{11}/g（图 6-11）。从生物量的变化速度来看，挂膜第 28 天，CBF 组的生物量也从第一天的 1.6×10^{11}/g 增加到了 2.42×10^{11}/g，而此时对照组的生物量仅为 8.8×10^{10}/g。在实验进行 1 个半月后，活性炭粉 + CBF 组和 CBF 浸泡组载体的生物量有了一个快速的增长。此次实验结果表明载体浸泡 CBF 能促进载体黏附微生物，尤其是载体经过适当改性后能明显促进黏附。

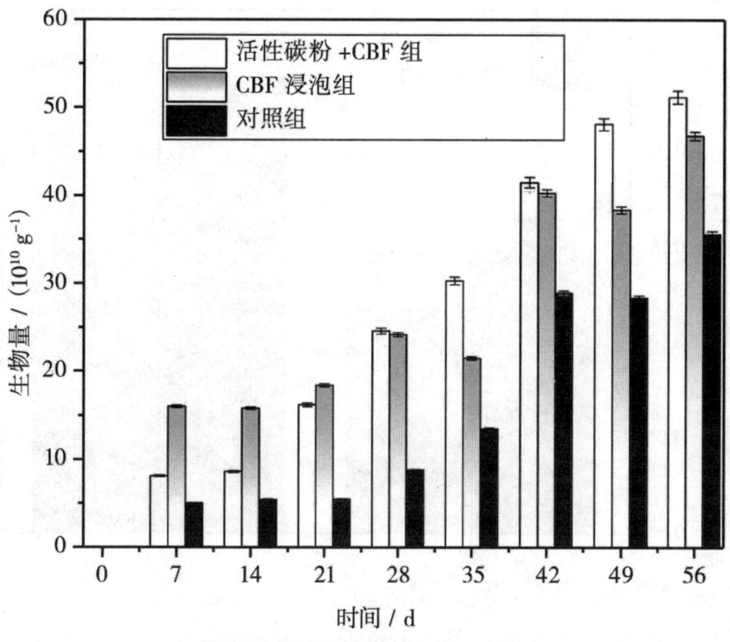

图 6－11 杯罐实验生物量

图 6－12 表明，在实验的后期，活性炭粉＋CBF 组在反应器运行第 62 天检测出了 0.17 mg/(L·h)的活性，同期的 CBF 浸泡组仅为 0.125 mg/(L·h)。反应器运行的第 69 天，实验观察到 CBF 浸泡组的脱氢酶活性也逐渐上升，达到了 0.25 mg/(L·h)；活性炭粉＋CBF 组的脱氢酶活性为 0.24 mg/(L·h)。数据表明，生物絮凝剂浸泡过的实验组相较于对照组都能在反应器运行的后期检测出脱氢酶活性，说明 CBF 的掺杂能够在后期显著提高微生物的活性。这可能是因为活性炭颗粒表面的微生物集中分布在载体表面的孔隙和凹槽中，这些孔隙和凹槽的存在对黏附在活性炭颗粒表面的微生物起到保护作用。活性炭颗粒发达的孔隙结构使得在同等运行条件下，与没加活性炭颗粒的对照组载体相比，活性炭颗粒表面的生物量更多，生物活性更强。

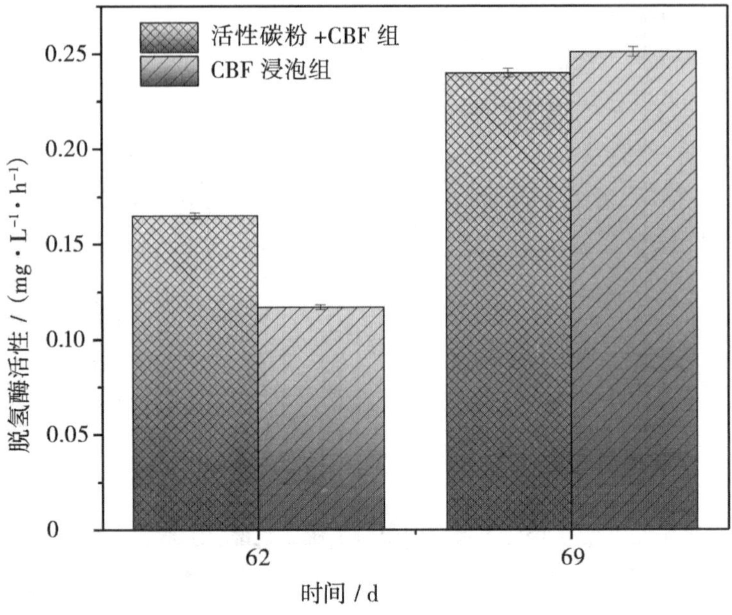

图 6－12　杯罐实验脱氢酶活性

6.3.2　PLA 改性

为探究 PLA 改性载体对挂膜启动的影响时,烧杯实验的实验组是纯 PLA 改性载体,对照组是 HDPE 载体。烧杯实验的相关参数见表 6－6,运行周期见表 6－7。

表 6－6　实验参数

项目	建议参考值
混合液悬浮固体浓度(MLSS)	2 000～3 000 mg/L
DO	4～6 mg/L
停留时间	24 h
填料填充比	30%

续表

项目	建议参考值
COD	300 ~ 400 mg/L
氨氮	30 ~ 40 mg/L
TP	8 ~ 10 mg/L

表 6 – 7 运行周期

项目	时长/h
曝气(进水)	3(1)
静沉(出水)	1(0.5)

实验运行数据结果表明,PLA 改性载体相较于未改性的普通载体对生物膜的启动有着更好的促进作用。图 6 – 13 的数据表明,实验组和对照组在运行前期对 COD 和氨氮的去除率一直呈现上升状态。中期的时候 PLA 改性载体 COD 的去除率(70% ~78%)相较于对照组 COD 的去除率(65%)最高有 13 个百分点的提升。反应器运行后期随着生物膜的成熟,两组之间的 COD 去除率差异逐渐减小,但 PLA 实验组比对照组 COD 去除率提高 10 个百分点以上。PLA 改性载体运行至第 45 天后 COD 去除率基本保持稳定,此时吸附近乎饱和,材料表面形成较为成熟的生物膜。

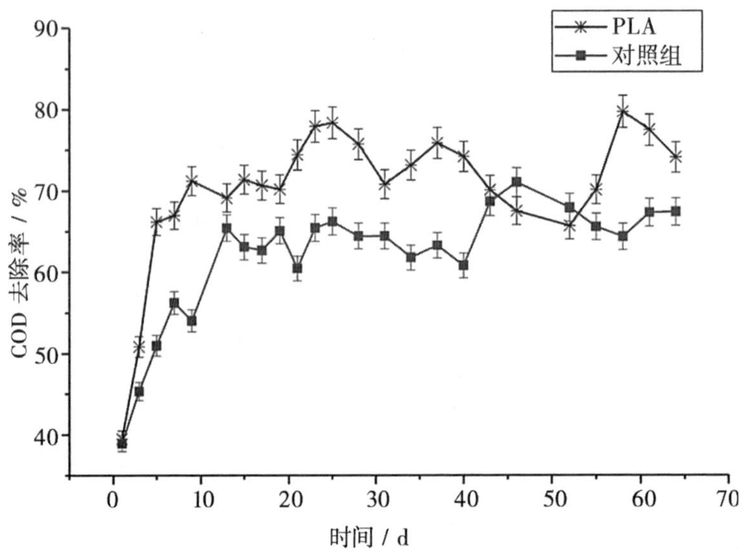

图 6－13　LA 改性载体和普通 HDPE 载体的 COD 去除率

由图 6－14 可知，实验运行第 20 天左右时，对照组的氨氮去除率基本只能保持在 37.00%～40.00%，而实验组的氨氮去除率却能达到 48.67%～57.74%。这可能是由于 PLA 改性载体中的孔结构，除了能加速微生物的吸附，也让改性载体相较于普通载体有更多的厌氧环境和反硝化反应。从载体挂膜的快慢来看，COD 的去除率能在一定程度上反映出 PLA 改性载体能促进生物膜在载体上的快速定殖过程。

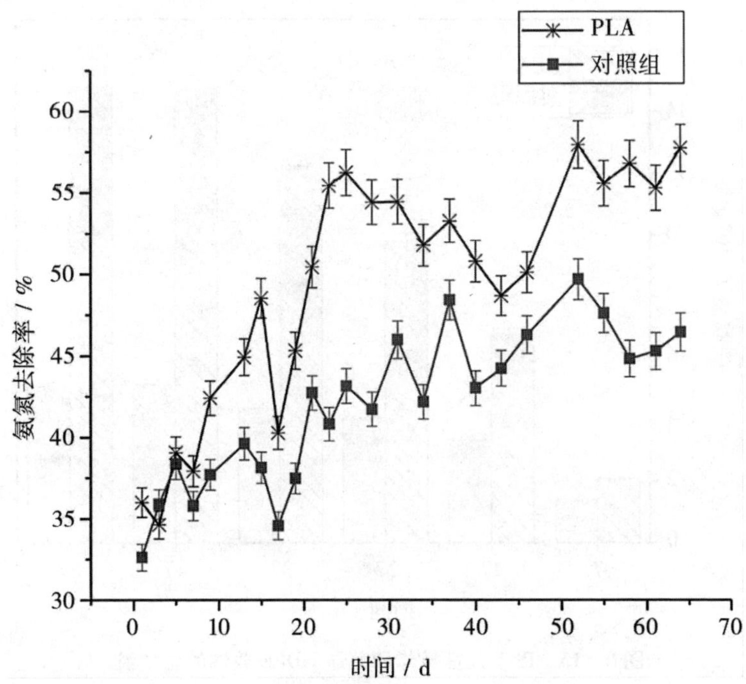

图 6－14　PLA 改性载体和普通 HDPE 载体的氨氮去除率

图 6－15 表明，在实验运行的第 7 天，实验组的生物量仅为 2.090×10^9/g，对照组为 1.400×10^9/g。反应器运行的第 17 天的生物量已经达到了稳定时期生物量的 45.27%。此后实验组的生物量快速增长，而对照组的生物量增长较为缓慢。实验组在第 57 天的生物量达到了 1.501×10^{10}/g，而对照组只有 4.200×10^9/g。这可能是由于 PLA 改性载体的特殊的三维多孔结构加速了微生物群落在载体上的黏附过程。根据磷脂法表征的生物量结果，发现微生物自反应器开始运行便迅速在改性载体表面附着和增殖。研究认为 PLA 改性载体表面生物膜的发展与有机物的去除效果基本保持同步，反应器出水达到稳态的同时材料表面形成较为成熟的生物膜。

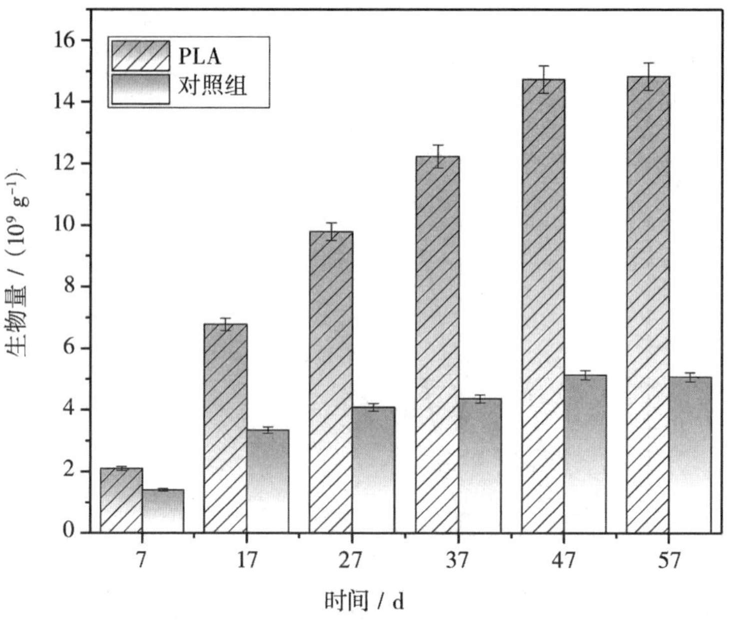

图 6－15　PLA 改性载体和普通 HDPE 载体的生物量

6.3.3　PLA + CBF

为探究 CBF 掺杂 PLA 改性载体对挂膜启动的影响，设置如下实验：A 组载体为 CBF 掺杂 PLA 改性载体，并浸泡生物絮凝剂；B 组载体为 CBF 掺杂 PLA 改性载体；C 组载体为 PLA 改性载体，浸泡 CBF；D 组载体为 PLA 改性载体；E 组载体为普通 HDPE 载体，浸泡 CBF；F 组载体为 HDPE 载体。烧杯实验的运行参数见表 6－6，运行周期见表 6－7。

图 6－16 表明 A、B 实验组在稳定期的 COD 去除率最高，分别为 77.42%、76.28%，C 组在稳定期的 COD 去除率达到了 67.51%～72.17%，D 组达到了 66.94%～71.28%。这说明三维多孔材料有利于微生物在载体表面的附着。作为微生物在载体表面的初始黏附阶段，可逆黏附对早期 COD 去除影响很大。实验发现，营养物质的前期传输和吸附对生物膜前期的积累至关重要，这会导致 COD 去除率在前期的快速提升。E 组和 F 组的 COD 去除率最低，在后期稳定期，两组的 COD 去除率大多为 56.29%～63.28%，与检测到的附着微生物量的数据结果相对应。在反应器运行前期，由于材料的快速吸附，四组改性载体

的 COD 去除率迅速升高。在反应器运行中期，A、B 组的 COD 去除率(70.82% ~76.28%)略高于 C、D 组(65.45% ~71.28%)，说明 CBF 改性载体上的微生物已更好地进行 COD 降解。A、B 组的 COD 去除率差异不大。C 组与 D 组的 COD 去除率相比，C 组前期的 COD 去除率为 66.18% ~70.36%，略高于 D 组的 64.96% ~68.07%，但两组后期的 COD 去除率并无明显差异。本次实验表明，PLA 载体浸泡 CBF 后，前期和中期的 COD 去除率会有所提高。

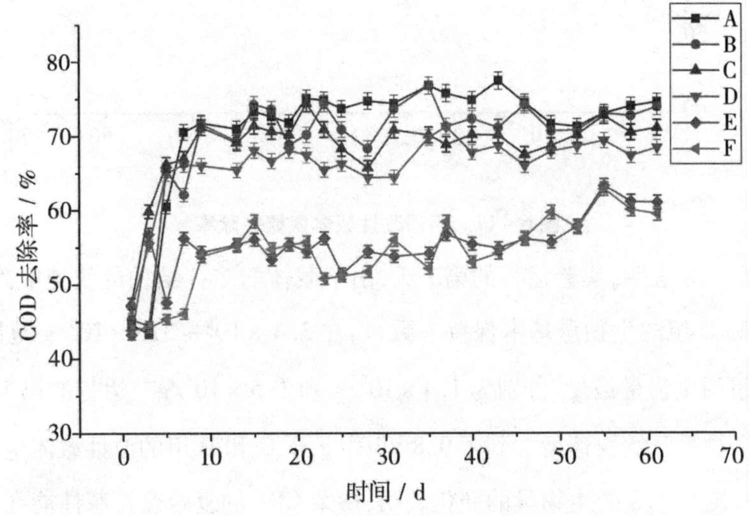

图 6－16 不同改性载体 COD 去除率

图 6－17 的氨氮去除率表明，六组实验中，A 组的氨氮去除率最高，这是由于 A 组载体的 PLA 改性时加入了 CBF，使得载体表面在空间上具有更多的多孔介质，更多的多糖和蛋白质具有良好的生物相容性(CBF 主要含有多糖和蛋白质)。B 组载体的氨氮去除率变化情况跟 A 组差不多，这说明改性后载体浸泡 CBF 并不能明显引起氨氮去除率的变化。在稳定时期，D 组的氨氮去除率(75.79% ~78.94%)与 C 组(75.10% ~80.62%)相差不多，其实验结果进一步表明，相较于浸泡 CBF，影响氨氮去除率最大的因素是材料本身的孔状结构导致的硝化和反硝化的环境的差异。E 组和 F 组的氨氮去除效果较差，反应器运行的后期去除率也只有 69.22% ~74.71%。

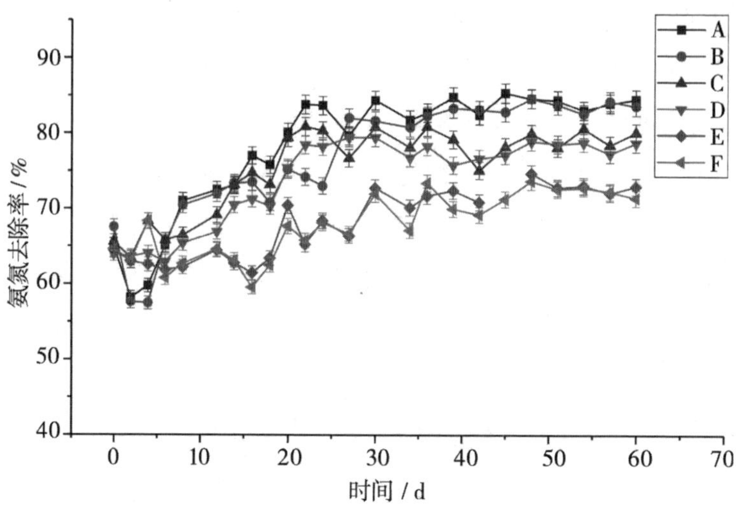

图6-17　不同改性载体氨氮去除率

图6-18表明,实验运行的第7天,由于载体的多孔结构的快速吸附作用,A、B、C和D组的生物量基本保持一致,均在$3.4\times10^8\sim3.7\times10^8$/g范围内,E组和F组的生物量最少,分别为$1.4\times10^8$/g和$1.5\times10^8$/g。运行的第17天,A组载体生物量开始快速增加到了9.8×10^8/g,B、C和D组的改性载体生物量增长较少。图6-18的生物量的变化表明,掺杂CBF的复合改性载体能在反应器运行的第一周后,比对照组的生物量提升50%,在运行半个月后这种差距逐渐增加。此后,随着反应器的继续运行,掺杂CBF的复合改性载体的生物量和PLA改性载体表面黏附的生物量在运行的第47天开始趋于稳定,生物膜已经成熟。

研究结果表明A组和B组在具有相同的孔状结构的情况下具有更好的强化载体挂膜性能。一般来说,由于三维多孔材料的空间结构,A、B、C、D四组反应器都能使微生物通过物理吸附作用附着在载体表面。这使得大量微生物在反应开始时快速附着,附着在载体上的微生物本身又可以通过分泌物(如蛋白质和多糖)促进不可逆黏附的加深。但A组和B组载体在前期能溶解其多糖和蛋白等组分为微生物的生长提供营养,同时溶解造成了孔径的扩大,进一步促进了营养物质和微生物在其表面的吸附。

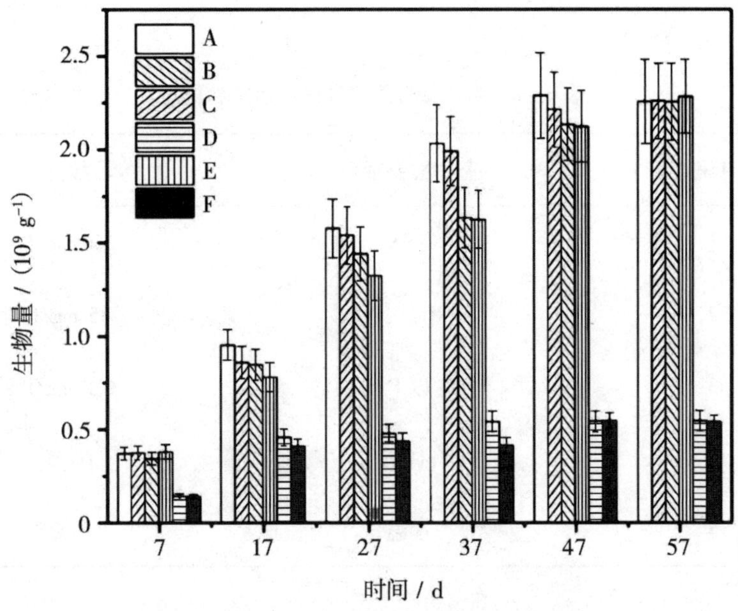

图 6－18　不同改性载体黏附的生物量

6.4　反应器实验

6.4.1　某污水处理厂概况简介

某污水处理厂设计污水处理规模为 7.5×10^4 m^3/d，现状实际处理水量约 5.0×10^4 m^3/d。

污水处理主体工艺采用循环式活性污泥（CAST）工艺，污水处理设计排放标准为一级 A 标准，污水经处理直接排入某水沟。污水处理工艺流程如下：

市政排水管→粗格栅及污水提升泵房→细格栅及旋流沉砂池→CAST 生化反应池→调节提升泵池及反硝化深床滤池→紫外消毒间→排放。

(1)设计进水指标(表6-8)。

表6-8　污水处理厂设计进厂污染物标准

序号	基本控制项目	数值
1	COD_{Cr}	350 mg/L
2	NH_4^+ -N	45 mg/L
3	TP(以P计)	6.0 mg/L
4	pH值	6~9
5	水温	9 ℃

(2)实际进水指标(表6-9)。

表6-9　污水处理厂实际进厂污染物标准

序号	基本控制项目	数值
1	COD_{Cr}	220~470 mg/L
2	NH_4^+ -N	26~46 mg/L
3	TP(以P计)	3.5~7.3 mg/L
4	pH值	6~9
5	水温	8~20 ℃

(3)工艺参数及运行周期。

该厂采用CAST工艺,共计8组生化池,每6 h为一周期,分为4组交替运行。单池生化池有效池容为 9 483 m^3,生化池污泥浓度为 6 000 mg/L,污泥回流比为 50%,曝气阶段溶解氧约为 5 mg/L。

该污水处理厂一直存在挂膜启动缓慢的问题,考虑到现场实验的材料耗费等实际问题,因此通过模拟该厂生化池运行方式进行反应器实验。

6.4.2　CBF 浸泡

(1)填料预处理。

第一期实验在 CASS 池中进行。为了探究 CBF 对普通聚乙烯载体挂膜的作用,CASS 池的运行参数设计了两组对照实验,实验组浸泡 CBF 48 h,对照组浸泡蒸馏水 48 h。浸泡结束后,把浸泡过的实验组和没浸泡的空白组载体放在 100 L CASS 池中连续运行 90 d。

(2)反应器运行。

CASS 运行参数模仿上述某污水处理厂的运行工艺,见表 6－10,运行周期见表 6－11。

表 6－10　CASS 运行参数

项目	参考值
MLSS	3 000～6 000 mg/L
DO	4～5 mg/L
内回流比	50%
停留时间	24 h
流量	37 mL/min

表 6－11　CASS 运行周期

项目	时长/h
曝气(进水)	3(1)
静沉(出水)	1(0.5)

图 6－19 和图 6－20 表明,HDPE 载体浸泡过 CBF 后能在前期比没浸泡过 CBF 的载体有更高的去除率。在反应器运行的第一周,实验组的 COD 去除率 82.06% 比对照组的 60.28% 高出约 20 个百分点。说明 CBF 改性载体在生物膜快速启动方面具有较大优势。但从实验进行一周一直到实验结束之前,两组的 COD 去除率并没有多大的差异。此外,实验组的生物絮凝剂分泌的多糖和蛋白在前期能促进微生物的增殖,从而促使实验组有更好的 COD 去除效率。

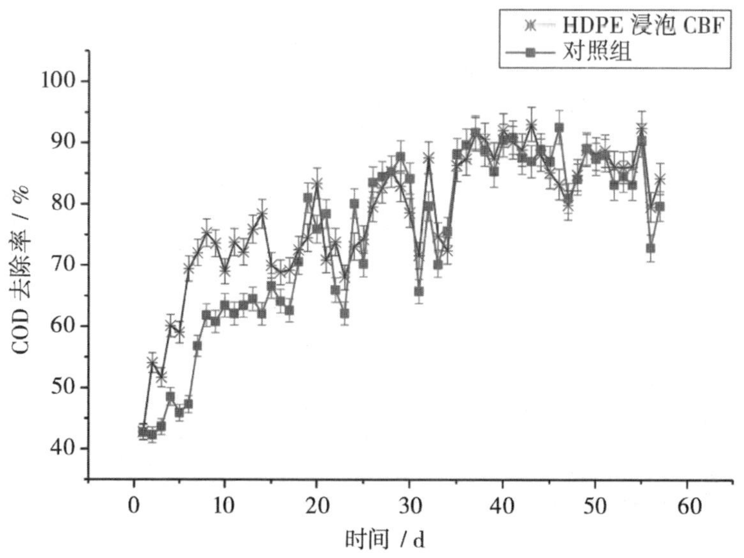

图 6－19　CASS 反应器 HDPE 载体浸泡 CBF 与没浸泡 CBF 的 COD 去除效果

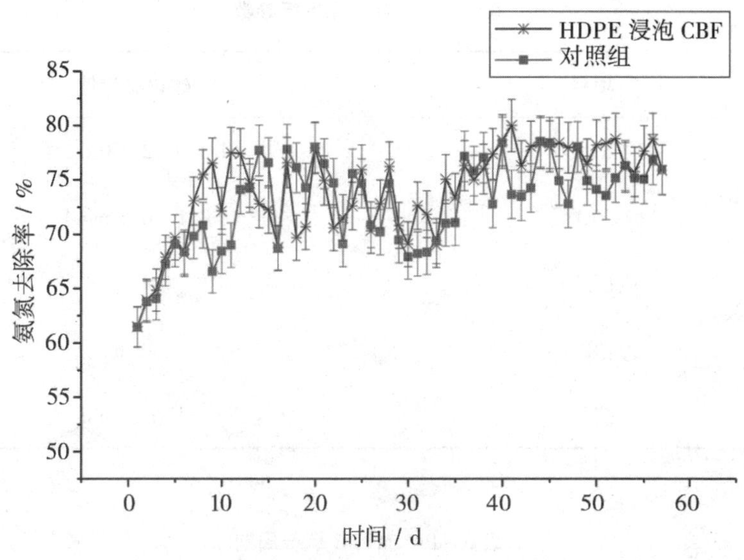

图 6-20　CASS 反应器 HDPE 载体浸泡 CBF 与没浸泡 CBF 的氨氮去除效果

浸泡过 CBF 的 HDPE 载体在总体上并没有明显的氨氮去除率的提升。在最开始的几天，实验组的氨氮去除率缓慢上升，之后缓慢恢复平衡。受反应器运行的第 30 天进水氨氮的影响，实验组和对照组的氨氮去除率都出现较大的下降，实验组由 72.64% 下降到了 68.99%，对照组由 74.64% 下降到了 68.19%。反应器运行一个月后，实验组的氨氮去除率比对照组略高，但区别不大，均在 71.03% ~78.64% 范围内。在实验的末期，两组 CASS 反应器的氨氮去除率都出现了下滑，实验组由 78.46% 下降到了 73.76%，对照组由 78.02% 下降到了72.80%。

6.4.3　PLA + CBF

实验组载体材料选择 CBF 掺杂 PLA 的改性载体，对照组选择普通聚乙烯载体。MBBR 运行参数见表 6-12，运行周期见表 6-13。

表 6－12　MBBR 运行参数

项目	建议参考值
MLSS	1 800～2 000 mg/L
DO	0.1～6.5 mg/L
内回流比	50%
停留时间	12 h
流量	37 mL/min

表 6－13　MBBR 运行周期

项目	时长/h
曝气（进水）	3(1)
静沉（出水）	1(0.5)

数据表明，在 MBBR 中，实验组对污水中 COD 和氨氮的去除效果比对照组好。实验组载体的 PLA 改性时加入了 CBF，使得载体表面具有更多的多孔介质、更多的多糖和蛋白质，具有良好的生物相容性。

图 6－21 所示，反应器运行一周后，实验组的 COD 去除率（70.45%）就明显开始比对照组的 COD 去除率（61.45%）高。在反应器运行的第 5 天，两组 COD 去除率已经相差 10 个百分点。水质去除稳定后，PLA 掺杂 CBF 的 COD 去除率达到了 75.00% 左右，对照组的 COD 去除率仅为 60.00%。之后，随着生物膜的成熟，实验组的 COD 去除率稳定在 75.00%～80.00%，而空白对照组的 COD 去除率为 60.00% 左右，两组在实验后期的水质的去除率都趋于稳定。实验结果进一步说明三维多孔材料掺杂 CBF 更有利于微生物在载体表面的附着，也说明接种 CBF 对生物膜的形成有很好的促进作用。

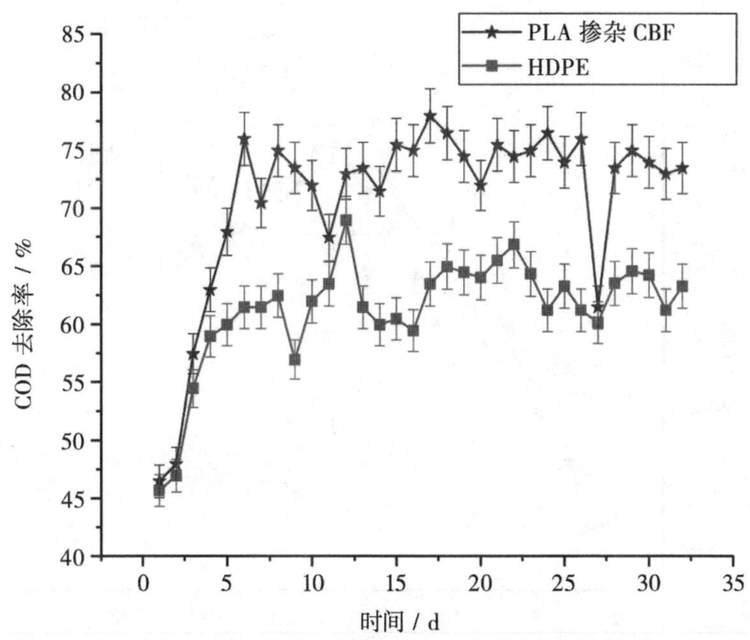

图 6－21　最优改性载体 MBBR 的 COD 去除效果

如图 6－22 所示，随着时间变化，实验组的氨氮去除率逐渐上升，这可能是因为改性载体的生物膜逐渐成熟，缺氧层和厌氧层出现，导致反硝化的效果更好，掺杂了 CBF 的复合改性载体在后期氨氮去除率达到 83.00%，HDPE 载体的氨氮去除率也达到了 70.14% ~74.55%。

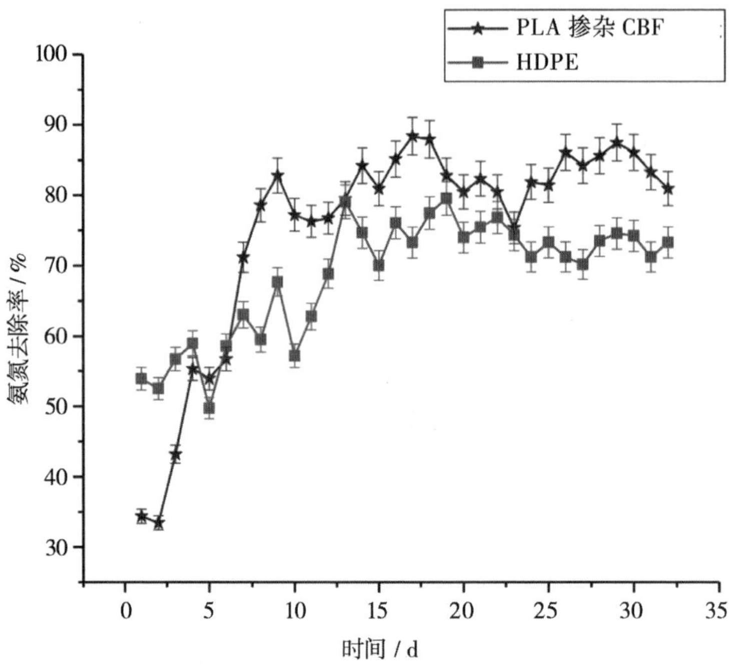

图 6－22　最优改性载体 MBBR 的氨氮去除效果

生物量检测结果表明，MBBR 启动过程开始，载体黏附生物量的差距已经开始出现。反应器运行的第 10 天，CBF 掺杂 PLA 复合改性载体黏附的生物量（7.66×10^{9}/g）达到了成熟时期的 50%（图 6－23）。这说明，复合改性载体对生物黏附的初期影响最大。在反应器运行的第 20 天，复合改性载体的生物量达到了 1.157×10^{10}/g，而对照组仅为 4.780×10^{9}/g。在反应器运行的第 33 天，载体上黏附的生物量基本达到稳定，实验组生物量达到了 1.539×10^{10}/g，此时的对照组生物量仅为 4.790×10^{9}/g。MBBR 实验进一步验证了 CBF 掺杂 PLA 改性载体对促进载体挂膜这一方法的有效性。

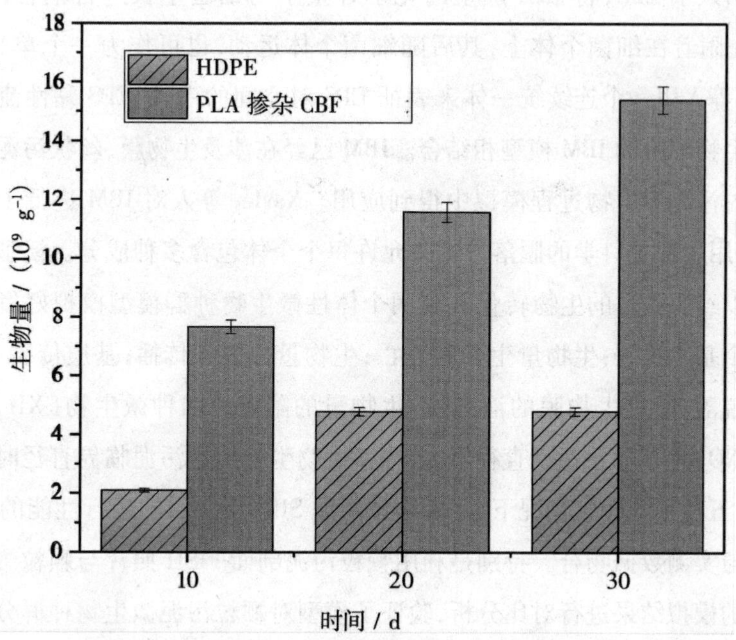

图6-23 最优改性载体在MBBR中的生物量变化

6.5 载体挂膜评价方法建立

生物膜沿水流方向分布,在其上由细菌及各种微生物组成的生态系统及其对有机物的降解功能都达到平衡和稳定的状态称为生物膜的成熟状态。生物膜的成熟标准具有重要意义,它能衡量生物膜是否成熟,从而非常准确地判断生物膜的启动快慢,进而为污水处理工艺中各个环节的参数变化提供一个参考依据。生物膜成熟的评价标准不仅在工程上具有非常重要的实际意义,还能以此为依据判断载体挂膜的改性材料和运行工艺各个参数的好坏。

6.5.1 生物膜的数学模型

载体上黏附的生物膜是由个体组成的。大尺度下的种群演化源于小尺度下微生物个体的相互作用。微生物 IBM 模型(individual based modeling of the microbial population)精确模拟微生物个体的行为。IBM 模型虽然在模拟特定结构的反应器性能方面存在一定缺陷,但特别适合于探讨微生物生态学和演化问题。第一个真正意义上的生物膜 IBM 模型(BacSim)由 Kreft 等人建立,随后在模型中引入了EPS,将EPS产生的化学计量学与细菌生长进行耦合,产生的EPS首先附着在细菌个体上,其后随细菌个体运动,也可作为一个单独组分。Alpkvist等人用一个连续统一体来表征EPS对空间的占领,EPS黏性流体的性质与微生物细胞的IBM模型相结合。IBM已经在涉及生物膜、丝状污泥膨胀和厌氧颗粒污泥等生物过程模拟中得到应用。Xavier等人对IBM进行了重要的改进,采用一种更科学的脱落方式并允许每个个体包含多种成分。模型中每个个体可以经历各自的生物转化并利用个体性微生物种群模型模拟好氧颗粒污泥的六个基本过程:生物量生长和衰亡;生物量分裂和传播;基质传质和反应;生物量脱落;通过生物膜的液态流;生物量的附着。四种微生物(XH、XPAO、XNH、XNO)生长导致污泥直径增大,当微生物生长超过污泥临界直径时便发生分裂,在五种不同曝气情况下,好氧颗粒污泥SBR反应器的运行性能的IBM模拟结果与实测数据吻合。特别是利用颗粒污泥剖面FISH照片与颗粒微生物种群分布的模拟结果进行对比分析,验证了模型对颗粒污泥微生物种群分布模拟结果的正确性。

iDynoMiCS(individual - based Dynamics of Microbial Communities Simulator)是在IBM生物膜上的模型基础上开发的开放源代码的新一代模拟软件。与先前的IBM生物膜模型相似,iDynoMiCS可通过模拟微生物体或菌落尺度的演化来解决微生物生态学问题,也可显示宏观变量的动态变化(如液相中基质浓度)、个体的异质性和空间结构。

但并不适合解决下述问题:预测作为一个整体的微生物簇的内部增殖和成熟;研究特殊结构废水处理反应器的能效。这主要是因为iDynoMiCS比其他简单的生物膜反应器模型更复杂、计算量更大。IBM模型所有关于生物膜的演化和更替的模型主要有三个变量:通过不同种类的微生物对具体污染物的生化代谢过程的微分方程确定微生物对相应污染物的进化效益;考虑具体污染物在水中的基质传质过程;对微生物生物量的变化进行拟合评价。但考虑到实际应用过程中,许多评判指标不便于检测,故将水质去除效益贡献率和生物量占比作为最突出的评价参数,且生物膜的分层结构将作为生物膜成熟的衡量指标之一。因此一个简便和准确的生物膜评估模型可以从水质、生物量、生物膜的分层情况快速评判生物膜的成熟情况。

6.5.2 水质评估

在大多数污水处理厂中,生物膜法是常用的生物处理法之一,因为细菌是有机物和养分去除的主要驱动力。此外,它们还可以促进废水中浓度极低的污染物(如药品及其代谢物)的生物降解。然而,在污水处理厂的运行过程中,一直都没有关于生物膜成熟的评价机制,多数学者对于生物膜成熟的评价标准都基于水质的去除效果。

因为在利用生物膜法处理污水的同时,悬浮的微生物和活性污泥也能去除部分污染物。因此,单以水质的去除效率为生物膜的成熟指标显然不够准确。重要的是,不同的操作条件、不同的载体、不同的水力条件对生物膜的形成都具有十分重要的影响。研究表明,即使是操作参数,生物膜载体的类型也会对细胞附着、生物膜形成质量、生物膜结构等产生显著影响,最终影响整个污水处理厂的运行效率。

彭莹莹利用层次分析法把水质评价中的各项评价指标划分成相互关联的有序层次,使之条理化,通过构建判断矩阵对各项水质评价指标进行定量和定性的分析,从而确定最终的权重分配。经计算处理后,得到 2011 年洞庭湖 14 个监测断面整体水质对各水质等级的熵权,结果见表 6-12。

表 6-12 各项水质评价指标的信息熵及熵权

水质指标	信息熵	熵权
COD_{Mn}	0.897 9	0.291 5
BOD_5	0.943 8	0.160 5
NH_3-N	0.921 0	0.225 3
COD_{Cr}	0.929 7	0.200 7
TP	0.957 2	0.122 1

不难看出 TP 的熵权最低，低于 COD 和氨氮的熵权。

考虑到一种评价方法会有失偏颇，又运用主要成分分析法对洞庭湖 14 个断面的水质评价，通过主成分分析，得到初始因子载荷矩阵，表示各主成分与评价指标之间的相关系数（表 6 - 13）。

表 6 - 13　初始因子载荷矩阵

因子	F_1
COD_{Mn}	0.819
BOD_5	0.907
NH_3-N	0.940
COD_{Cr}	0.909
TP	0.505

结果表明这七个断面的 NH_3-N、COD_{Mn}、BOD_5、COD_{Cr}对水体的污染作用大于 TP。

考虑到洞庭湖单一流域不具有代表性，张强定量评价北方大清河流域中游 5 条河流 25 个断面，18 项水质指标的检测数据，提出将主成分分析法（PCA）和层次分析法（AHP）相结合，构建了 PCA - AHP 降维组合赋权水质综合量化评价模型。PCA 将水质参数由原来的 18 个降维至 5 个，分别为高锰酸盐指数、化学需氧量、氨氮、总磷以及总氮，客观量化权重分别为 0.208、0.078、0.306、0.098、0.310。最后的归一法得到的组合量化权重中，NH_3-N 的权重（0.209）> TP 的权重（0.139）。程佩瑄在分析黄河流域兰州水段的水环境质量时，利用序关系法对水质的各项指标赋予权重，结果表明 NH_3-N 的权重（0.249 1）> TP 的权重（0.085 8），并基于 TOPSIS 法对黄河兰州段水环境质量指标权重进行分析，发现丰水期 COD 的权重（0.294 0）> NH_3-N 的权重（0.146 1）> TP 的权重（0.101 3），平水期 NH_3-N 的权重（0.267 9）> COD 的权重（0.165 5）> TP 的权重（0.076 1），枯水期 NH_3-N 的权重（0.280 5）> COD 的权重（0.193 0）>

TP 的权重(0.061 1)。

综合南方流域、北方流域各个时节和水季与不同算法结果所述,在常规的指标当中,氨氮和 COD 的权重大于 TP 的权重。故,评判生物膜成熟方法的水质指标选择 COD 和氨氮作为参考。

生物膜的有机物消耗贡献如下:

$$J = \frac{\alpha_1 X_1}{\alpha_1 X_1 + \alpha_2 X_2} \tag{6-12}$$

式中,J——生物膜的有机物消耗贡献率,%;

α_1——生物膜的有机物消耗速率,mg COD/(g VSS·h);

α_2——活性污泥的有机物消耗速率,mg COD/(g VSS·h);

X_1——生物膜生物量,g VSS/L;

X_2——活性污泥生物量,g VSS/L。

$$\Delta M = \alpha_1 X_1 V + \alpha_2 X_2 V \tag{6-13}$$

式中,ΔM——总的有机物消耗贡献,mg COD/ h;

V——反应器体积,L。

生物膜的硝化贡献如下:

$$f = \frac{\gamma_1 X_1}{\gamma_1 X_1 + \gamma_2 X_2} \tag{6-14}$$

式中,f——生物膜的硝化贡献率,%;

γ_1——生物膜的硝化速率,mg NH_4^+ - N/(g VSS·h);

γ_1——活性污泥的硝化速率,mg NH_4^+ - N/(g VSS·h);

$$\Delta W = \gamma_1 X_1 V + \gamma_2 X_2 V \tag{6-15}$$

式中,ΔW——总的硝化能力,mg NH_4^+ - N/(g·h)。

生物膜的水质去除效益:

$$Q = J\Delta W + f\Delta W \tag{6-16}$$

故当生物膜成熟时,有

$$Q_{max} = \mathrm{MAX}\{J\Delta W\} + \mathrm{MAX}\{f\Delta W\} \tag{6-17}$$

式中,Q_{max}——最优水质去除效益,%。

由式(6－16)与式(6－17)可得，

$$Q_L = \frac{Q}{Q_{max}} \quad (6-18)$$

式中，Q_L——生物膜水质去除效益贡献。

6.5.3 生物膜分层及生物量评估

(1)生物膜分层。

通常情况下，生物膜成熟时确实能测得较高的生物量和总酶活性值，这一般与较高的COD和氨氮去除率相对应。大部分学者认为达到最优污水去除率时期的生物膜成熟，也有学者认为生物膜形成具有明显的厌氧缺氧好氧分层特性是生物膜成熟的标志。

生物膜的结构会受到环境的显著影响，如水力条件、底物负荷和溶解氧浓度，因为微生物群落可以从表面分离，而生物膜可能会因为微生物细胞在生物膜内的繁殖或细菌(或有机和无机颗粒)从悬浮相附着而变厚。此外，在成熟生物膜的显微照片上很难分辨出单个细胞，通过肉眼或普通显微技术很难观察到生物膜成熟的内部结构。光学相干断层扫描(Optical coherence tomography，OCT)在中尺度能提供毫米(mm)范围内的图像采集和成像。在此之前，中尺度生物膜结构只能通过耗时且昂贵的研究(例如磁共振显微镜)观察到。中尺度图像采集可以提供重要"结构/功能"关系的细节，例如整体厚度、内部孔隙率和表面拓扑结构(粗糙度)对生物膜的影响。为了确定生物膜成分的局部分布，还是需要诸如共聚焦激光扫描显微镜方法或OCT等方法对生物膜内部的结构进行表征。

生物膜形成过程不同时间阶段产生的生物膜结构、物理及化学性质不同，即使成熟的生物膜在稳态下生物膜的微观结构也在不断变化，导致生物膜结构存在时间尺度上的异质性。因此，假设生物膜形成明显分层为生物膜成熟的标志。

$$Q_f = \begin{cases} 0\ (\text{无明显分层}) \\ 1\ (\text{有厌氧缺氧好氧分层}) \end{cases} \quad (6-19)$$

式中，Q_f——生物膜结构贡献。

(2)生物量。

微生物生长曲线体现出微生物在不同生长阶段的特征。在纯种培养条件下,微生物生长过程可分为三个阶段:生长率上升阶段(对数生长阶段)、生长率下降阶段及内源呼吸阶段。对这种环境条件下的微生物生长情况进行研究,将有助于为更复杂环境条件下微生物的生长预测提供指导。

假设微生物已经完全适应环境的变化,不需要花费时间调整适应;实验条件处于静止状态,pH 值、温度、DO 值等均为常量,实验区域为封闭区间,不存在外界与实验区域内部的物质或能量交换,则有下式。

$$\frac{dX}{dt}=\frac{dX_s}{dt}-\frac{dX_e}{dt} \tag{6-20}$$

式中,$\frac{dX}{dt}$——微生物净增值速率,mg/(L·d);

$\frac{dX_s}{dt}$——微生物合成速率,mg/(L·d);

$\frac{dX_e}{dt}$——微生物内源代谢速率,mg/(L·d);

$$\frac{dX_s}{dt}=-Y\frac{dS}{dt} \tag{6-21}$$

式中,Y——产率系数,即微生物每代谢单位量的有机物所合成微生物的量,mg/mg;

$\frac{dS}{dt}$——有机物的变化速率,此实验条件下为负值,mg/(L·d)。

$$\frac{dX_e}{dt}=K_dX \tag{6-22}$$

式中,K_d——微生物自身氧化率,或衰减系数,d^{-1};

X——微生物浓度,mg/L。

合并式(6-20)、式(6-21)和式(6-22),得:

$$\frac{dX}{dt}=Y\frac{dS}{dt}-K_dX \tag{6-23}$$

根据微生物反应动力学,有:

$$\frac{\mathrm{d}S}{\mathrm{d}t}=\frac{KXS}{K_s+S} \tag{6-24}$$

式中，S——微生物浓度，mg/L；

X——生物膜浓度，mg/L；

K——最大比基质利用率，1/d；

K_s——半饱和常数，mg/L。

将公式(6-24)代入公式(6-23)，得：

$$\frac{\mathrm{d}X}{\mathrm{d}t}=\frac{[(YK-K_d)S-K_dK_s]X}{K_s+S} \tag{6-25}$$

假设当 $t=t_{max}$ 时，有

$$\frac{\mathrm{d}X}{\mathrm{d}t_{max}}=\mathrm{MAX}\left\{\frac{[(YK-K_d)S-K_dK_s]X}{K_s+S}\right\} \tag{6-26}$$

则当生物膜成熟且生物量最大时，$t>t_{max}$ 时，有

$$\frac{\mathrm{d}X}{\mathrm{d}t}=\frac{[(YK-K_d)S-K_dK_s]X}{K_s+S} \tag{6-27}$$

由公式(6-27)反向求解方程组的 S，即可求得 S_{max}。

故，生物量贡献率

$$Q_S=\frac{S}{S_{max}} \tag{6-28}$$

式中，Q_S——生物量贡献率，%。

故，整合公式(6-18)、公式(6-19)和公式(6-28)，可以建立生物膜的评价方法模型。

通过查阅文献和相关试验将对生物膜的性能指标的标准数值加以确定。生物量、生物膜分层情况以及水质去除效益作为三个能够表明生物膜成熟的核心要素，如何构建一个统筹上述变量的数学公式模型成为生物膜成熟的评价方法的关键。考虑到生物膜分层情况的表量对生物膜成熟具有决定性意义，因此将其作为一个分段函数体现在公式的系数上。鉴于邱珊等人对陶粒性能指标的评价体系建立方法，选取常用的加权计算方法，以建立生物膜性能的综合评价方法。

生物膜综合评价指标,由下式定义

$$Q = \frac{U}{V} \tag{6-29}$$

式中,U——生物膜性能综合评价总分;

V——生物膜各指标权重占比之和。

$$U = \sum_{i=1}^{n}(\omega_i \cdot Q_i) \tag{6-30}$$

$$V = \sum_{i=1}^{n}\omega_i \tag{6-31}$$

式中,Q_i——各个性能参数与各水质参数的总评价指标;

ω_i——计算权重,大小由各个指标重要性来确定。

故公式(6-29)反应在上述三个变量中可以简化成下式:

$$Q = \frac{1}{2} \times Q_{\mathrm{f}}(Q_{\mathrm{L}} + Q_{\mathrm{S}}) \tag{6-32}$$

式中,Q——生物膜成熟评价分数。

式(6-32)中将生物量和污染物去除效益赋予相同的权重。Q 的取值范围为 0~1,数值越大表明生物膜越成熟。

但应用公式(6-32)评价生物膜成熟指标时,发现公式(6-32)容易受到生物膜或者污染物去除效益的极值影响,故当前的生物膜权重评价方法虽然能在一定程度评价生物膜成熟与否,但当前模型不是很完善,后续尚需大量实验和文献的调研统计,以确定不同反应器中影响生物膜的其他因素(例如:HRT、DO、pH 值、MLSS 和营养负荷)的相关性大小和权重大小。

6.5.4 评价方法的验证

表 6-14 生物膜成熟时评价方法中各指标的统计与评估

Q_{L}/%	Q_{S}	Q_{f}	Q	成熟天数/d
69.00	280 : 300	1	0.75	30
84.37	16.78 : 17.00	1	0.81	32
88.98	2.66 : 3.02	1	0.91	28

续表

Q_L/%	Q_S	Q_f	Q	成熟天数/d
88.98	525 : 525	1	0.88	30
78.44	70 : 70	1	0.89	24
95.23	7.8 : 7.8	1	0.97	40
88.52	1 140 : 1 400	1	0.85	120
97.43	55.95 : 57.96	1	0.97	34
83.19	3.1 : 3.2	1	0.90	20
99.98	1 682 : 1 682	1	0.99	98
88.89	4.7 : 6.9	1	0.78	35
69.54	110 : 120	1	0.81	241
90.95	24 : 26	1	0.92	45

表6－14表明，通过大量文献统计分析成熟生物膜的 Q 值评分都在0.75及以上。文献调查发现，Q 值评分低于0.75的生物膜，大多处于快速增长阶段，且生物膜对污水当中的污染物净化效益也处于提升过程，表明此时的微生物还在不断增殖。当生物膜成熟时，生物膜对水中污染物去除的贡献率的值一般为69%～99%之间。从总体来看，成熟的生物膜，Q_S 值一般在0.68以上。表6－14同时表明，成熟生物膜的 Q_L 值一般都是在0.69以上。具体而言，不同反应器的生物膜中微生物的群落组成不同，所以表达基因不同，造成一定功能差异性。宏观上，表现出对各个污染物的去除贡献率大小不一，从而使得 Q_L 值出现较大的波动。同时，受到反应器运行方式和外界条件的影响，不同载体上黏附的生物量也不尽相同，从而使得 Q_S 值波动较大。单独考虑两个因素又

有失偏颇,因此,综合考虑两个比较容易测量的指标,将生物膜的 Q 值作为衡量生物膜成熟与否的定量指标。因此,生物膜成熟的评价标准可以定义为当 Q 值大于等于0.75 时,生物膜即为成熟。即:

$$Q=\frac{1}{2}\times Q_{\mathrm{f}}(Q_{\mathrm{L}}+Q_{\mathrm{S}})\geqslant 0.75 \tag{6-33}$$

以公式(6-33)为衡量指标可以评价改性载体的生物膜成熟情况,见表 6-15。

表 6-15 不同改性载体生物膜成熟时评价方法的各指标评定

实验	项目	Q_L/%	Q_f	Q_s	Q	成熟天数/d
杯罐实验	普通载体	95.02	1	0.54 : 0.55	0.96	47
	聚乳酸改性载体	98.02	1	1.50 : 2.21	0.83	37
	复合改性载体	94.37	1	1.70 : 2.30	0.84	27
反应器实验	普通载体	93.23	1	5.39 : 5.39	0.96	30
	复合改性载体	95.09	1	11.50 : 15.40	0.85	20

6.6 生物群落解析

6.6.1 α 多样性

16S rRNA 高通量测序用于探索每个载体表面的微生物群落。对不同时期、不同修饰载体采集的 7 个样品进行 α 多样性分析,如表 6-16 所示。7 个样品的覆盖指数均为 100%,表明测序足以覆盖样品中的大部分微生物。总体而言,掺杂 CBF 的 PLA 微生物群落表现出最高的生物多样性(包括 OTU、Chao 和香农指数)。随着反应器运行时间的增加,每组载体的 Chao 和香农(Shannon)指数都在增加。反应器运行的第 14 天(5-27A),CBF 掺杂 PLA 改性载体表面的生物膜定殖基本成功。可以看出,在同一时间内,5-27A 组的 Shannon 值更大(5.45),Chao 值也更大(999.04)。总的来说,经过修饰的载体浸入 CBF 后,群落的多样性得到了提高。5-27C 组的 Chao 值(988.52)和 Shannon 指数

(5.31)也较高,说明5-27C组的群落丰度也有所提高。相应地,可以看出,实验中期未进行任何处理的5-27F组的Chao值(976.17)和Shannon指数(5.08)最小。随着反应器的运行,F组的Shannon指数和Chao值降低,说明F组的群落丰度逐渐下降,下降趋势明显。虽然成熟生物膜群落的丰度会略有下降(意味着冗余功能的去除,群落结构的组成更加稳定),但7-13F组的丰度下降过大,其Chao值从976.17下降到613.34。生物膜中微生物群落α多样性的显著下降意味着生物膜不成熟,功能基因表达的丰度较低,系统的稳定性更加脆弱,面对外界条件影响时抗冲击负荷能力更弱。实验表明,未改性载体上黏附的微生物多样性更低,稳定性更差。

表6-16　Alpha多样性指数

样本	OTUs	Shannon	Chao
5-6AC	166.00	1.92	268.00
5-27A	943.00	5.45	999.04
5-27C	942.00	5.31	988.52
5-27F	935.00	5.08	976.17
7-13A	808.00	4.68	910.96
7-13C	629.00	4.22	786.00
7-13F	603.00	4.01	613.34

研究表明,微生物群落的均匀度可以促进系统功能,使群落能够抵抗环境压力。此外,高度多样化的群落,在不同的营养群中包含许多独特的成员,在功能上是冗余的,但对于维持系统功能和响应干扰的稳定性有重要意义。CBF改性的微生物群落数量较多,分布均匀,面对不断变化的环境条件(即底物、温度变化等),能更好地维持稳定的群落结构和功能。例如,即使反应器运行后期生物多样性略有降低,氨氮去除效果仍然较好(图6-17)。Dong等人的研究表明,这可能是因为随着反硝化细菌逐渐占优势,微生物整体多样性下降。

6.6.2 样本间距

样本间距是指样本之间的相似程度,样本间越相似,距离数值越小。采集的 7 个样本的样本间距如图 6-21 所示。

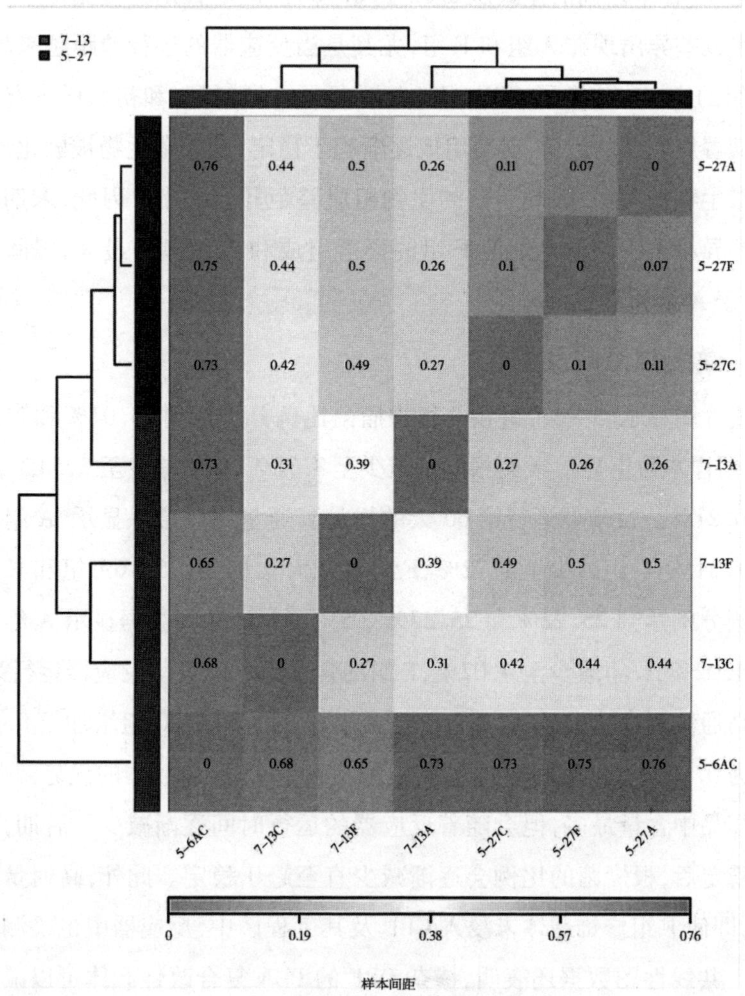

图 6-24 样本距离热度

注:色块代表距离值,颜色越灰代表样本之间的距离越近。每个方格中的值代表横纵轴对应的样本之间的距离,范围从 0 到 1 在热图中对样本进行聚类,通过聚类树可以看出样本之间的距离。

从图 6-24 可以看出,第 1 天的样本与反应器运行第 14 天的样本差异最大，群落组成与反应器末期的样本差异逐渐减小。不同组的反应器群落结构组成不断趋于相似，相似结果也出现在 Wu 等人的研究中，表明生物群落的组成随时间的变化趋于相似。样本最大的差距出现在反应器运行初期和运行中期的样本之间（样本之间的差距从 0.73 到 0.76）。同一日期的检测样本中，最大的群落组成差异出现在 A 组和 F 组，尤其是当反应器的运行差距越来越大时。因为 A 组的样本中掺杂了 CBF，且已经运行了一段时间，和初始样本有很大的区别。随着反应器的运行，群落组成逐渐趋于稳定，一些微生物被驯化，一些不适宜的微生物被淘汰，因此后期的生物组成差距开始缩小。因此，末期样本群落组成差异小于中期样本。但 F 组的群落组成和 A 组差异最大，组间差距有 0.05，大于 A 组和 C 组的差距。

6.6.3 微生物组成及变化

共线性图显示，5－6A 组和 C 组根瘤菌比例分别达到 25.01% 和 25.15%。5－27A 的样本数据显示 A 组根瘤菌减少至 3.78%，C 组减少至 3.54%，F 组的含量为 0.21%。反应器运行第 60 大的样品高通量测序结果显示，A 组根瘤菌减少至 1.51%，C 组减少至 1.72%，F 组含量为 0.94%。5－6A 组和 C 组芽孢杆菌比例分别达到 25.22% 和 25.27%。5－27A 的样本数据显示 A 组根瘤菌减少至 4.02%，C 组减少至 4.02%，F 组的含量为 0.01%。反应器运行第 60 天的样品高通量测序结果显示，A 组根瘤菌增加至 0.54%，C 组增加至 0.43%，F 组含量为 0.17%。这表明根瘤菌和芽孢杆菌并不是生物膜中的优势菌群，虽然在初始样品中含量最多，但会随着反应器的运行时间逐渐减少。后期，当生物膜成熟稳定后，根瘤菌的比例会逐渐减少直至趋于稳定。此外，高通量测序数据显示，即使 F 组修饰载体未浸入 CBF 及其工程菌中，反应器中也检测到少量根瘤菌。共线性图数据还表明，掺杂 CBF 的 PLA 复合改性载体可以减缓根瘤菌的减少。PLA 改性载体 CBF 掺有 PLA 改性载体，浸入 CBF 后，可以在一定程度上促进生物膜在载体表面的定殖（CBF 含有大量利于微生物生长的多糖和蛋白质）。在载体结构为微生物提供庇护所的同时，多糖和蛋白质在一定程度上可以促进 EPS 和细菌在载体上的黏附。另外，反应器运行第 60 天的各组样品中，念珠菌的比例非常高。念珠菌常在活性污泥中检出。该门最近被命名为糖基化细菌,因为它们在有氧、硝酸盐还原和厌氧条件下对各种有机物和糖化合物的降解起着重要作用。共线性关系图显示,各组中还含有有大量黄单胞菌(*Xanthomonadaceae*)。黄单胞菌科属于革兰氏阴性蛋白细菌的 γ 亚群,该细菌对表面的附着是由表面结构介导的。黄单胞菌科具有多糖(脂多糖、胞外多糖)和蛋白质结构,参与生物膜的形成。此外,黄单胞菌科基因组序列中还含有许多形成表面黏附结构的基因,可以在一定程度上促进生物膜在载体表面的定殖。

各组样本检测发现,假单胞菌科(Pseudomonadaceae)的含量非常高,A 组和 C 组占比高达 12.63%。污水生物处理过程中常可检出假单胞菌。研究发现,假单胞菌科中的诸多假单胞菌属与生物膜的形成息息相关,假单胞菌能利用细菌表面的疏水性介导,产生较强的生物膜形成能力,并且由于该菌株产生细胞表面附着的细胞外多糖,可以促进细胞聚集。在反应器运行第 14 天的各组样本检测中,假单胞菌科在 A 组含量高达 20.65%,C 组为 9.45%,F 组为 2.25%。反应器运行第 60 天的样品的高通量数据显示,A 组占 1.00%,B 组占 0.15%,F 组占 0.13%。各组假单胞菌的减少,可能意味着生物膜逐渐趋于成熟。

6.6.4 菌群功能预测

反应器运行第 14 天生物群落变化最大的是鞘氨醇单胞菌科、念珠菌、奇异球菌科和放线菌,这在一定程度上导致了菌群功能的变化。在反应器运行第 60 天生物群落变化最大的是绿曲霉菌、念珠菌、球形芽孢杆菌和放线菌,这可能是引起菌群功能基因表达产生较大变化的原因之一。

随着反应的运行,微生物群落基因表达的多样性呈现上升趋势。初始样本中,COG1629 和 COG2207 的基因表达数量非常显著。前者与外膜受体蛋白有关,后者与含有 AraC 型 DNA 结合域的蛋白有关。反应器运行第 14 天的样品菌群功能的多样性没有减少,尤其是 A 组反应器比其他组具有更多样化的功能,如:COG1960 的功能蛋白酶酰基辅酶 A 脱氢酶,说明 A 组反应器具有更好的生物活性,这与水质运行数据和生物量测试结果一致。此外,5 - 27A 组具有:COG0840 的功能蛋白甲基接受趋化蛋白;COG4974 的功能蛋白酶位点特异性重组酶 XerD;COG0515 的功能蛋白酶丝氨酸/苏氨酸蛋白激酶;COG0583 的功能蛋白转录调节因子。研究发现氨酸/苏氨酸蛋白激酶家族,在调节蛋白细胞骨架影响细胞运动时发挥重要作用。与反应器运行第 14 天的样本相比,反应器运行第 60 天的样本均具有 COG2165 的 II 型分泌途径与假菌毛蛋白的功能,这表明随着微生物的繁殖,生物膜开始在载体表面出现更多的定殖,黏附蛋白的表达更多。A 组和 C 组有更丰富的 COG1028 功能蛋白酶:具有不同特异性的脱氢酶(与短链醇脱氢酶有关),COG0596 功能蛋白酶:预测的水解酶或酰基转移酶(α/β 水解酶超家族)。研究发现短链脱氢酶是一类 NAD(P)H 依赖型的氧化还原酶,具有相似的序列模型和催化机制。短链脱氢酶在脂质、氨基酸、碳水化合物、辅酶、激素和异物的代谢中以及氧化还原传感机制中都具有关键性作用。且该酶不易受到辅酶 NADPH 的限制,因为通过添加辅助底物异丙醇其自身能完成辅酶 NADPH 的循环。生物体中绝大多数氧化还原反应都是在脱氢酶及氧化酶的催化下进行的。物质经脱氢酶催化氧化,最后通过电子传递链而被氧化,此时通过氧化磷酸化作用生成腺苷三磷酸(ATP),是异养生物体取得能量的主要途径。COG1028 的测定结果为 A 组和 C 组载体相较于其他组的载体具有更高的活性和更多的生物量提供了一定的论据。

6.7 挂膜机理分析

(1)多孔结构的吸附是促进微生物黏附的基础。

一般来说,材料的孔状结构意味着其具有更大的比表面积。虽然纳米级的孔径不能给微生物提供定殖的空间,但相比于微米级的孔隙结构,纳米级的孔径是材料表现出更大的比表面积的关键。此外,纳米级的孔隙结构为 PLA 材料提供了有机物等吸附质的吸附位点,也是吸附能力的主要来源,这能吸附诸如 EPS 等决定微生物团聚和生长的关键物质。Abit 等人的研究曾表明大肠杆菌更容易吸附在孔径为 5 ~ 10 μm 或孔径更大的材料表面。类似的,刘成等人也曾指出微生物或者生物膜在活性炭上的附着场所主要为活性炭的大孔孔道及其表面,虽然对特定的活性炭而言其大孔容积及活性炭粒表面的面积是一相对确定的数值。

因此,具有微米级孔隙结构的PLA改性载体,在为微生物提供定殖和繁衍空间上具有普通材料不具备的优势,这是促进微生物在PLA上挂膜的基础。通过电子显微镜在PLA表面也观察到,当填料具有大量有利于微生物生长的凹槽时,能首先在其表面观察到生物膜的出现。

(2)生物絮凝剂的掺杂是促进微生物黏附的关键。

微生物在载体表面的挂膜过程按黏附性质的不同主要分为两个阶段。第一个阶段称为可逆黏附,第二阶段称为不可逆黏附。研究表明,多糖和蛋白的存在会影响微生物的非特异性黏附,这主要与表面电荷、疏水性和自聚合能力有关,通过物理作用力如静电作用、氢键、链的缠绕等产生。此外,多糖本身具有较大的杨氏弹性模量,这是保证微生物可逆的非特异性黏附不断裂的基础。例如,纤维素这一多糖的结构单元中,链通过分子间的氢键、羟基与相邻氧原子间的范德瓦耳斯力平行堆积,从而形成纤维状结构。

多糖的亲水性极好,可形成含有大量水的三维网络结构,即水凝胶。天然多糖水凝胶的力学性质和结构特性与生物体组织的细胞外基质相似,多糖水凝胶的形成,可能会促使微生物在PLA材料表面黏附。此外,研究表明,复合水凝胶的力学性能随着多糖含量的提升而显著增加,这可能是PLA掺杂生物絮凝剂改性载体相较于普通PLA改性载体表面具有更多生物量的主要原因。

此外,微生物能够通过摄取多糖和蛋白等营养源形成黏附素从根本上促进微生物的黏附。这种黏附与特异性黏附有关。特异性黏附使材料与蛋白或多糖之间由化学键交联形成三维网络聚合物。黏附素是细菌表面具有黏附能力的一些相关蛋白质和特殊结构的统称,可存在于细菌的菌毛、细胞壁、外膜蛋白、荚膜等结构,其化学本质是特定的蛋白质、多肽、糖脂和糖类等具有多结构的多功能化分子。

另外,蛋白质存在特殊的氨基酸序列,也可促进细胞或组织与水凝胶(多糖和蛋白)的黏附性。例如,海藻酸钠(多糖)与丝素蛋白之间通过自组装化学键连接,会形成相互穿插的稳定的水凝胶网络结构。

(3)生物絮凝剂产生菌是促进微生物挂膜的诱因。

一方面,生物絮凝剂产生菌分泌的多糖和蛋白作为营养缓释源是促进微生物快速生长的主要动力。另一方面,基于16S rRNA的高通量测序结果表明,浸泡过生物絮凝剂菌的改性载体相较于没浸泡的载体具有更多的群落多样性。菌群功能预测表明,含有生物絮凝剂产生菌的载体具有更丰富的功能基因表达趋势,测定结果为A组和C组载体相较于其他组的载体具有更高的活性和更多的生物量提供了一定的实验依据。

6.8 本章小结

通过杯罐实验研究发现,CBF掺杂PLA改性载体能更好地促进载体的挂膜启动。HDPE载体浸泡CBF溶液结果表明,未经任何改性载体在污水中的指标去除率有一定提升,生物量与对照组相比略有增加。在活性炭粉+CBF的实验中,载体表面结构的改变和CBF的耦合作用促进了微生物在碳粉组载体表面的黏附。CBF掺杂PLA实验中,通过反应器对比CBF掺杂PLA和未经任何改性载体的运行数据发现,在当水质处理效果稳定时,掺杂CBF的改性载体其COD去除率为70%~75%,而空白对照组仅为60%~65%。氨氮去除率提升为10%,其去除率提升不大的原因可能是生物絮凝剂没有特殊的氨氮降解效率。

通过文献对比和数据分析,得出载体挂膜综合评判公式,统计发现成熟生物膜的Q值评分一般都在0.75及以上。当生物膜成熟时,由于受到反应器运行方式、外界条件和微生物自身因素的影响,生物膜对污水的净化效果会表现出对各个污染物的去除贡献率大小不一,从而使得Q_L值出现较大的波动。同理,生物膜生物量的变化也会受到上述条件的影响。鉴于此,综合考虑两个比较容易测量的指标,将生物膜的Q值≥ 0.75作为衡量生物膜成熟与否的定量指标。

通过对烧杯实验的载体的高通量测序,CBF掺杂PLA改性载体表面微生物群落表现出最高的生物多样性。随着反应器的运行,种群结构的丰富度增加,各组的基因表达更加活跃,特别是CBF掺杂PLA改性载体,具有最丰富的蛋白表达功能,这可能意味其具有较高的微生物活性和生物多样性。

参考文献

[1] 梁翠红，李园园．微生物絮凝剂在污水处理上的应用[J]．低碳世界，2018(11):14－15.

[2] 易允燕，张霞，俞志敏，等．微生物絮凝剂在水处理中的应用现状[J]．合肥师范学院学报，2015，33(3):110－113.

[3] 朱彬，吴治琴．微生物絮凝剂在污水处理中的应用[J]．遵义师范学院学报，2012，14(5):98－100.

[4] YUE Y J，ZHENG L，WANG Y Q，et al．A novel polyamidine－grafted carboxymethylcellulose：Synthesis，characterization and flocculation performance test[J]．e－Polymers，2019，19(1):225－234.

[5] 李雨虹，梁达奉，常国炜，等．微生物絮凝剂研究进展[J]．甘蔗糖业，2014(5):51－56.

[6] 张正安，廖义涛，郑舒婷，等．絮凝剂分类及其水处理作用机理研究进展[J]．宜宾学院学报，2019，19(12):117－120,124.

[7] 姚彬，张文存，张玉荣，等．无机－有机高分子复合絮凝剂的研究进展[J]．石化技术与应用，2018，36(5):347－352.

[8] 张进武．水处理絮凝剂研究现状与前景[J]．山西化工，2022，42(6):28－29,41.

[9] 张琼，李国斌，苏毅，等．水处理絮凝剂的应用研究进展[J]．化工科技，2013，21(2):49－52.

[10] 陈腾飞，程芳，程晓亮，等．天然高分子植物胶絮凝剂的合成及应用研究[J]．油田化学，2019，36(4):610－614,635.

[11] 蒋巍，李瑞军，常晶，等. 天然高分子絮凝剂的制备[J]. 吉林化工学院学报，2013，30(9):45－49.

[12] 任昭，李瑞利，郝磊磊. 有机高分子絮凝剂的研究进展[J]. 科技信息，2011(25):445,461.

[13] BISHT V，LAL B. Exploration of performance kinetics and mechanism of action of a potentialnovel bioflocculant BF－VB2 on clay and dye wastewater flocculation[J]. Frontiers in Microbiology，2019，10:1288.

[14] 关强. 污泥制备生物絮凝剂扩大化生产技术研究[D]. 沈阳:沈阳大学，2022.

[15] 陈成，刘人荣，夏祥，等. 高效生物絮凝剂产生菌的筛选及培养优化[J]. 安徽农业科学. 2018，46(6)：52－54,61.

[16] 徐金霞. 造纸废水处理中的絮凝剂研究进展[J]. 广西轻工业，2011，27(1):91－92.

[17] 任晓莉. 生物絮凝剂制备及其对草浆造纸废水深度处理[D]. 大连:大连理工大学，2015.

[18] 颜东方，负建民. 马铃薯淀粉废水生产微生物絮凝剂菌株筛选及其营养条件优化[J]. 农业工程学报，2013，29(3):198－206.

[19] ZHOU W G，MIN M，HU B，et al. Filamentous fungi assisted bio－flocculation：A novel alternative technique for harvesting heterotrophic and autotrophic microalgal cells[J]. Separation and Purification Technology，2013，107:158－165.

[20] WONG Y S，ONG S A，TENG T T，et al. Production of bioflocculant by staphylococcus cohnii ssp. from Palm Oil Mill Effluent(POME)[J]. Water，Air and Soil Pollution，2012，223(7):3775－3781.

[21] SUN J，ZHANG X H，MIAO X J，et al. Preparation and characteristics of bioflocculants from excess biological sludge[J]. Bioresource Technology，2012，126:362－366.

[22] DWYER R，BRUCKARD W J，REA S，et al. Bioflotation and bioflocculation

review: Microorganisms relevant for mineral beneficiation[J]. Transactions of the Institutions of Mining and Metallurgy, Section C: Mineral Processing and Extractive Metallurgy, 2012, 121(2):65 - 71.

[23] ZHU Y B, LI S, Li D X, et al. Bioflocculation behaviours of microbial communities in water treatment[J]. Water Science and Technology, 2014, 69(4):694 - 702.

[24] 徐亮. 以废藻制备生物絮凝剂对含藻水的处理机制研究[D]. 长春:东北师范大学, 2017.

[25] LI L X, HAN J Z, HUANG X H. et al. Organic pollutants removal from aqueous solutions using metal - organic frameworks (MOFs) as adsorbents: A review [J]. Journal of Environmental Chemical Engineering. 2023, 11(6): 111217.

[26] 程悦. 青平川污水处理站油田污水处理工艺研究[D]. 西安:西安石油大学, 2015.

[27] 易诚, 周雅雯, 邓景衡, 等. 活性污泥生物絮凝剂絮凝效果研究[J]. 长沙:湖南生态科学学报, 2017, 4(3):15 - 18.

[28] 张志强, 李向蓉, 张姣, 等. 超声法从污泥中提取微生物絮凝剂的研究[J]. 同济大学学报(自然科学版), 2013, 41(2):234 - 239.

[29] 彭蓝艳. 城市污泥与养殖废水资源化制备生物絮凝剂[D]. 长沙:湖南大学, 2014.

[30] 毕与轩. 利用肉制品加工厂污泥制备生物絮凝剂的实验研究[D]. 大连:大连理工大学, 2020.

[31] 李春玲. 利用污泥制备生物絮凝剂的方法及性能研究[D]. 大连:大连理工大学, 2014.

[32] 张宝成. 新型生物絮凝剂在水处理中的应用研究[D]. 苏州:苏州科技大学, 2021.

[33] 朱艳彬, 马放, 杨基先, 等. 絮凝剂复配与复合型絮凝剂研究[J]. 哈尔滨工业大学学报, 2010, 42(8):1254 - 1258.

[34] 雷志斌. 复合生物絮凝剂 CBF－1 的制备及絮凝特性研究[D]. 广州：华南理工大学硕士学位论文，2012.

[35] 雷志斌，胡勇有，于琪. 复合生物絮凝剂 CBF－1 的制备及其絮凝特性[J]. 环境科学学报，2012，32(12)：2905－2911.

[36] 于琪，雷志斌，胡勇有. 复合生物絮凝剂 CBF－1 的絮凝作用机理研究[J]. 环境科学学报，2013，33(7)：1855－1861.

[37] LIU Y，LV C C，JIAN D，et al. The use of the organic－inorganic hybrid polymer $Al(OH)_3$－polyacrylamide to flocculate particles in the cyanide tailing suspensions[J]. Minerals Engineering，2016，89:108－117.

[38] KADOODA H，KISO Y，GOTO S，et al. Flocculation behavior of colloidal suspension by use of inorganic and polymer flocculants in power form[J]. Journal of Water Process Engineering，2017，18:169－175.

[39] SHKOP A，TSEITLIN M，SHESTOPALOV O，et al. Study of the strength of flocculated structures of polydispersed coal suspensions[J]. Eastern－European Journal of Enterprise Technologies，2017，1:20－26.

[40] WU H，LIU Z Z，LI A M，et al. Evalution of starch－based flocculants for the flocculation of dissolved organic matter from textile dyeing secondary wastewater[J]. Chemosphere，2017，174:200－207.

[41] YANG X G，CHEN K X，ZHANG Y，et al. Polyacrylamide grafted cellulose as an eco－friendly flocculant：Efficient removal of organic dye from aqueous solution[J]. Fibers and Polymers，2017，18(9):1652－1659.

[42] 刘若瀚. 复合微生物絮凝剂对印染废水的脱色试验研究[J]. 生物化工，2016，2(3):16－19.

[43] 宋淑敏，刘伟，徐晓军，等. 氯化铝改性复合生物絮凝剂去除饮用水中的氟[J]. 有色金属(冶炼部分)，2019(10):80－85.

[44] 马放，杨基先，王爱杰，等. 复合型微生物絮凝剂[M]. 北京：科学出版社，2013.

[45] 李立欣. 基于松花江水源水絮凝沉淀工艺的微生物絮凝剂净水效能研

究[D]. 哈尔滨:哈尔滨工业大学, 2016.

[46] SALEHIZADEH H, SHOJAOSADATI S A. Extracellular biopolymeric flocculants[J]. Biotechnology Advances, 2001, 19(5):371 – 385.

[47] KURANE R, TOMIZUKA N. Towards new – biomaterial produced by microorganism – bioflocculant and bioabsorbent: Recent trends and biotechnological importance [J]. Journal of the Chemical society of Japan Chemistry and Industrial Chemistry, 1992, 1992:456 – 463.

[48] SALEHIZADEH H, VOSSOUGHI M, ALEMZADEH I. Some investigations on bioflocculant producing bacteria[J]. Biochemical Engineering Journal, 2000, 5(1):39 – 44.

[49] NAKAMURA J, MIYASHIRD S, HIROSE Y, et al. Screening, isolation, and some properties of microbial cell flocculants[J]. Agricultural & Biological Chemistry, 2014, 40(2):377 – 383.

[50] TAKAGI H, KADOWAKI K. Flocculant production by *Paecilomyces* sp. Taxonomic studies and culture conditions for production[J]. Agricultural and Biological Chemistry, 1985, 49(11):3151 – 3157.

[51] KURANE R, TOEDA K, TAKEDA K, et al. Culture conditions for production of microbial Flocculant by *Rhodococcus erythropolis*(Microbiology & Fermentation Industry)[J]. Agricultural and Biological Chemistry, 1986, 50(9): 2309 – 2313.

[52] SUH H H, MOON S H, Kim H S, et al. Production and rheological properties of bioflocculant produced by *Bacillus* sp. DP – 152[J]. Journal of Microbiology and Biotechnology, 1998, 8(6):618 – 624.

[53] WATANABE M, SUZUKI Y, SASAKI K, et al. Flocculating property of extracellular polymeric substance derived from a marine photosynthetic bacterium, *Rhodovulum* sp. [J]. Journal of Bioscience and Bioengineering, 1999, 87(5):625 – 629.

[54] SHIH I L, VAN Y T, YEH L C, et al. Production of a biopolymer blocculant

from bacillus licheniformis and its flocculation properties[J]. Bioresource Technology, 2001, 78(3):267 -272.

[55] Deng S B, Bai R B, Hu X M, et al. Characteristics of a bioflocculant produced by *Bacillus mucilaginosus* and its use in starch wastewater treatment [J]. Applied Microbiology and Biotechnology, 2003, 60(5):588 -593.

[56] 张平. 微生物絮凝剂产生菌的选育及絮凝性能研究[D]. 湘潭:湘潭大学,2004.

[57] 张本兰. 新型高效、无毒水处理剂——微生物絮凝剂的开发与应用[J]. 工业水处理,1996, 16(1):7 -8.

[58] 韩明眸, 郭娜, 董耀华, 等. 微生物絮凝剂的研究现状与发展趋势[J]. 中国酿造. 2021, 40(11): 7 -14.

[59] 何宁, 李寅, 陈坚, 等. 一种新型蛋白聚糖类生物絮凝剂的分离纯化及组成分析[J]. 化工学报, 2002, 53(10): 1022 -1027.

[60] 祝瑄. 多糖型微生物絮凝剂去除废水中黄药与重金属离子的研究[D]. 太原:太原理工大学, 2022.

[61] 裴润全. 多种微生物絮凝剂的去除水中铅锌离子的效能与机制[D]. 桂林:桂林理工大学, 2021.

[62] 朱艳彬, 冯旻, 杨基先, 等. 复合型生物絮凝剂产生菌筛选及絮凝机理研究[J]. 哈尔滨工业大学学报, 2004, 36(6): 759 -762.

[63] LIU C, SUN D, LIU J W, et al. Recent advances and perspectives in efforts to reduce the production and application cost of microbial flocculants[J]. Bioresources and Bioprocessing, 2021, 8(1):1 -20.

[64] 金军. 耐砷微生物絮凝剂的制备及其除砷性能研究[D]. 昆明: 云南大学, 2016.

[65] 王丽丽. 复合型生物絮凝剂的结构和特性及去除重金属离子的研究[D]. 哈尔滨: 哈尔滨工业大学, 2011.

[66] 常青. 水处理絮凝学[M].2 版. 北京:化学工业出版社, 2011.

[67] YANG Z, REN K X, GUIBAL E, et al. Removal of trace nonylphenol from

water in the coexistence of suspended inorganic particles and NOMs by using a cellulose - based flocculant[J]. Chemosphere, 2016, 161(10): 482 -490.

[68] 赵诗琪，李康辉，陈猷鹏. 微生物絮凝剂及其在工业水处理中的应用探索[J]. 工业水处理，2023，43(2)：1 -13.

[69] 许尤厚，周洪波. 产絮凝剂微杆菌的絮凝特性及印染废水处理应用[J]. 工业水处理，2016，36(12)：59 -63.

[70] 章沙沙，柳增善，周红梅，等. 微生物絮凝剂研究及在污水领域的应用现状[J]. 环境保护科学，2022，48(1)：74 -80.

[71] WANG T, TANG X M, ZHANG S X, et al. Roles of functional microbial floccu lant in dyeing wastewater treatment: Bridging and adsorption[J]. Journal of Hazardous Materials, 2020, 384: 121506 - 121506.

[72] SOLÍS M, SOLÍS A, PÉREZ H I, et al. Microbial decolouration of azo dyes: A review[J]. Process Biochemistry, 2012, 47(12): 1723 - 1748.

[73] BUTHELEZI S P, OLANIRAN A O, PILLAY B. Textile dye re moval from wastewater effluents using bioflocculants produced by indigenous bacterial isolates[J]. Molecules, 2012, 17(12): 14260 - 14274.

[74] GAO Q, ZHU X H, MU J, et al. Using Ruditapes philippinarum conglutination mud to produce bioflocculant and its applications in wastewater treatment [J]. Bioresource Technology, 2009, 100(21): 4996 -5001.

[75] 郑怀礼，蒋君怡，万鑫源，等. 磁性纳米材料吸附处理工业废水的研究进展[J]. 中国环境科学，2021，41(8)：3555 -3566.

[76] 胡天佑，唐瑾，陈志莉. 石油工业含油废水处理进展[J]. 水处理技术，2021，47(6)：12 -17.

[77] 高艺文，李伟斯，李政，等. 高效微生物絮凝剂产生菌 GL -6 发酵条件优化及对含油废水处理的研究[J]. 化学与生物工程，2015，32(9)：54 -57.

[78] FARD A K, RHADFI T, MCKAY G, et al. Enhancing oil removal from water using ferric oxide nanoparticles doped carbon nanotubes adsorbents [J].

Chemical Engineering Journal, 2016, 293:90 - 101.

[79] WEI H, GAO B Q, REN J, et al. Coagulation/flocculation in dewatering of sludge:A review[J]. Water Research, 2018, 143:608 - 631.

[80] ZHAO C L, ZHOU J Y, YAN Y, et al. Application of coagulation/flocculation in oily wastewater treatment:A review[J]. Science of the Total Environment, 2020, 765 (1):142795.

[81] 杨琳, 朱丹, 胡洲, 等. 微生物絮凝剂对乳品及啤酒废水的絮凝研究[J]. 大理学院学报, 2014, 13(6):63 - 65.

[82] 宋清生, 薛美瑛. 活性炭吸附固定微生物絮凝剂处理淀粉废水的实验条件优化[J]. 山西科技, 2020, 35(2):105 - 109,114.

[83] ZHVANG X L, WANG Y P, LI Q B, et al. The production of bioflocculants by Bacillus licheniformis using molasses and its application in the sugarcane industry[J]. Biotechnology and Bioprocess Engineering, 2012, 17(5): 1041 - 1047.

[84] QIAO N, GAO M X, ZHANG X Z, et al. Trichosporon fermentans biomass flocculation from soybean oil refinery wastewater using bioflocculant produced from *Paecilomyces* sp. M2 - 1[J]. Applied Microbiology and Biotechnology, 2019, 103(6):2821 - 2831.

[85] 林杨, 刘淼, 林锋, 等. 微生物絮凝剂研究进展及其在食品工业中的应用[J]. 中国酿造,2018, 37(1):1 - 6.

[86] FU X D, LIU Y N, ZHU L, et al. Flocculation activity of carp protamine in microalgal cells[J]. Aquaculture, 2019, 505:150 - 156.

[87] TANG X M, ZHANG S X, ZHENG H L. Enhanced removal of suspended colloidal particles from turbid water using a modified microbial flocculant [J]. Earth and Environmental Science, 2019, 233(5):052049.

[88] ZHENG Z, YI J X, DAI R H. A Review on the physical dewatering meth ods of sludge pretreatment in recent ten years[J]. Earth and Environmental Science, 2020, 455(1):012189.

[89] YANG Q, LUO K, XIANG L, et al. A novel bioflocculant produced by *Klebsiella sp. and its application to sludge dewatering*[*J*]. *Water and Environmental Journal*, 2012, 26(4):560 – 566.

[90] 李会东, 李璟, 张哲歆, 等. 过氧化钙联合絮凝剂调理污泥改善脱水性能[J]. 环境工程学报, 2019, 13(11):2736 – 2742.

[91] 陈颖. 改性微生物絮凝剂 FCZJ – 15 制备及处理含氟废水研究[D]. 昆明:昆明理工大学, 2017.

[92] HUANG J, HUANG Z, ZHOU J, et al. Enhancement of heavy metals removal by microbial flocculant produced by *Paenibacillus polymyxa* combined with an insufficient hydroxide precipitation [J]. Chemical Engineerering Journal, 2019, 374:880 – 894.

[93] FENG J, YANG Z H, ZENG G M, et al. The adsorption behavior and mechanism investigation of Pb(Ⅱ) removal by flocculation using microbial flocculant GA1[J]. Bioresource Technology, 2013,148:414 – 421.

[94] NOUHA K, KUMAR R S, TYAGI R D. Heavy metals removal from wastewater using extracellular polymeric substances produced by *Cloacibacterium normanense* in wastewater sludge supplemented with crude glycerol and study of extracellular polymeric substances extraction by different methods[J]. Bioresource Technology, 2016, 212:120 – 129.

[95] 周焱. 微生物絮凝剂 MBFGA1 去除水中 Ni(Ⅱ) 的优化及机理研究[D]. 长沙: 湖南大学, 2017.

[96] 陈婷. 多糖型微生物絮凝剂去除水中重金属离子的效能及机制[D]. 哈尔滨: 哈尔滨工业大学, 2017.

[97] 刘皓月, 王磊, 吕永涛, 等. 微生物絮凝剂与聚合氯化铝复配处理污水厂二级出水[J]. 环境工程学报, 2017, 11(1):111 – 115.

[98] 宋永庆, 张龙, 李南华, 等. 絮凝菌的筛选、培养条件优化及对 屠宰场废水的处理[J]. 安全与环境学报, 2016, 16(3):211 – 215.

[99] 章沙沙, 徐健峰, 柳增善. 微生物絮凝剂产生菌筛选及其对猪场污水絮凝

效果分析[J]. 黑龙江畜牧兽医, 2021(13):10 - 16.

[100]ZHANG S S, XU J F, SUN X L, et al. *Cellulomonas taurus* sp. nov., a novel bacteria with multiple hydrolase activity isolated fro mLivestock, and potential application in wastewater treat ment[J]. Antonie Van Leeuwenhoek. 2021, 114(5): 527 - 538.

[101] 王倩. 我国南北方农村生活污水的特点及处理工艺介绍[J]. 浙江化工, 2020, 51(10):47 - 50.

[102] 张玉君, 李冬, 李帅, 等. 间歇梯度曝气的生活污水好氧颗粒污泥脱氮除磷[J]. 环境科学,2020, 41(8):3707 - 3714.

[103] 张超, 栾兴社, 陈文兵, 等. 新型生物絮凝剂处理生活污水的实验研究[J]. 工业水处理, 2013, 33(9):31 - 33.

[104] 周明罗, 陈杰, 游玲, 等. 白酒酿造废水制备微生物絮凝剂的研究[J]. 中国酿造, 2018, 37(11): 86 - 90.

[105] NIE M. YIN X, JIA J, et al. Production of a novel bioflocculant MNXY1 by *Klebsiella pneumoniae* strain NY1 and application in precipitation of cyanobacteria and municipal wastewater treatment[J]. Journal of Applied Microbiology, 2011, 111(3):547 - 558.

[106] AVNIMELECH Y. Carbon/nitrogen ratio as a control elementin aquaculture systems[J]. Aquaculture, 1999, 176(3 - 4): 227 - 235.

[107] 徐晨岚, 刘振鸿, 薛罡, 等. 产碱杆菌属 H5 对蓝藻的溶藻及脱氮效果的研究[J]. 环境工程, 2018, 36(5): 26 - 30,5.

[108] 司圆圆, 陈兴汉, 许瑞雯, 等. 好氧反硝化细菌脱氮研究进展[J]. 山东化工, 2018, 47(4):157 - 158.

[109] 李志萍, 刘千钧, 林亲铁, 等. 造纸废水深度处理技术的应用研究进展[J]. 中国造纸学报, 2010(1):102 - 107.

[110] 芦艳, 孟丽丽, 乔富珍. 高效微生物絮凝剂对造纸废水的应用研究[J]. 水处理技术, 2009, 35(7): 9 - 12.

[111] 周英勃, 柴涛, 段婉君, 等. 白醋废水制备微生物絮凝剂的响应面法优

化及其对造纸废水的处理[J]. 环境工程学报, 2016, 10(10): 5658 - 5664.

[112] 李文鹏, 任晓莉, 项学敏, 等. 微生物絮凝剂对造纸废水的处理效果研究[J]. 工业水处理, 2013, 33(11), 13 - 16.

[113] 吴大付, 李东方, 任秀娟, 等. 微生物絮凝剂的生产工艺及絮凝效果研究[J]. 广东农业科学, 2010(1), 88 - 91.

[114] 石春芳, 冷小云. 微生物絮凝剂在制药废水处理中的应用研究[J]. 现代化工, 2015, 35(9):85 - 87,89.

[115] 李立欣, 贾超, 张瑜, 等. 絮凝剂在矿井水处理中的应用进展[J]. 矿产综合利用, 2018(5): 1 - 5.

[116] 刘海虹. 微生物絮凝剂对矿井水悬浮物的絮凝效果研究[J]. 能源与节能, 2021(5): 16 - 17,206.

[117] 刘敬武, 单爱琴, 周海霞, 等. 微生物絮凝剂处理矿井水实验研究[J]. 环境科学与管理, 2008, 33(11): 109 - 12.

[118] 李立欣, 郑越, 马放, 等. 水处理絮凝剂处理煤泥水研究进展[J]. 现代化工, 2016, 36(10): 42 - 45.

[119] 刘志勇, 张东晨. 煤泥水微生物絮凝剂絮凝机理的研究[J]. 矿业快报, 2008(4):45 - 47.

[120] 周桂英, 张强, 曲景奎. 利用微生物絮凝剂处理煤泥水的试验研究[J] 能源环境保护, 2004, 18(5):36 - 38,41.

[121] 张东晨, 吴学凤, 刘志勇, 等. 煤炭微生物絮凝剂的研究[J]. 安徽理工大学学报(自然科学版), 2008. 28(3): 42 - 45.

[122] 杨艳超. 高分子多糖复合生物絮凝剂在选煤厂煤泥水处理中的应用[J]. 煤炭加工与综合利用, 2015, (3):14 - 15.

[123] HE J W, DING W QG, HAN W, et al. A bacterial strain *Citrobacter* W4 facilitates the bio - flocculation of wastewater cultured microalgae *Chlorella pyrenoidosa*[J]. Science of the Total Environment, 2022, 806:151336.

[124] KAUR R, ROY D, YELLAPU S K, et al. Enhanced composting leachate

treatment using extracellular polymeric substances as bioflocculant[J]. Journal of Environmental Engineering, 2019, 145(11):04019075.

[125] ZHONG C Y, SUN S, ZHANG D J, et al. Production of a bioflocculant from ramie biodegumming wastewater using a biomass – degrading strain and its application in the treatment of pulping wastewater[J]. Chemosphere, 2020, 253:126727.

[126] ZOU X, SUN J L, LI J, et al. High flocculation of coal washing wastewater using a novel bioflocculant from *Isaria cicadae* GZU6722[J]. Polish Journal of Microbiology,2020, 69(1):55 – 64.

[127] 邢杰. 蛋白型微生物絮凝剂对卡马西平的去除效能和机制解析[D]. 哈尔滨:哈尔滨工业大学,2014.

[128] LI L X, XING J, MA F, et al. Introduction of Compound Bioflocculant and Its Application in Water Treatment[J]. Advance Journal of Food Science and Technology, 2015, 9(9):695 – 700.

[129] 常玉广. 基于产絮克隆菌的遗传及产絮特性研究[D]. 哈尔滨: 哈尔滨工业大学, 2007

[130] WANG J N, MA F, GUO J B, et al. The feasibility of immobilization of bioflocculant – producing bacteria using mycelial pellets as biomass carriers[J]. Journal of Harbin Institute of Technology(New Series), 2013, 20(3): 1 – 6.

[131] 李剑, 王曙光, 高宝玉, 等. 利用乳品废水生产微生物絮凝剂及其应用研究[J]. 环境工程, 2004, 22(6): 93 – 94.

[132] 周旭, 黄丽萍, 王竞, 等. 利用鱼粉废水生产生物絮凝剂及其性能研究[J]. 应用与环境生物学报, 2003, 9(4): 436 – 438.

[133] 马放, 张惠文, 李大鹏, 等. 以稻草秸秆为底物制取复合型生物絮凝剂的研究[J]. 中国环境科学, 2009, 29(2): 196 – 200.

[134] 任宏洋, 王新惠, 刘达玉. 复合菌利用酱油废液制备生物絮凝剂及其絮凝特性分析[J]. 中国环境科学, 2010, 30(8): 1050 – 1055.

[135] 张金凤. 复合型生物絮凝剂的成分分析及絮凝机理研究[D]. 哈尔滨: 哈尔滨工业大学, 2005.

[136] 马放, 张金凤, 远立江, 等. 复合型生物絮凝剂成分分析及其絮凝机理的研究[J]. 环境科学学报, 2005, 25(11): 1491－1496.

[137] MA F, WANG B, FAN C, et al. Security evaluation of compounded microbial flocculant[J]. Journal of Harbin Institute of Technology, 2004, 11(1): 38－42.

[138] 王博. 复合型生物絮凝剂的絮凝效能研究及安全性评价[D]. 哈尔滨: 哈尔滨工业大学, 2004.

[139] 李立欣, 刘婉萌, 马放. 复合型微生物絮凝剂研究进展[J]. 化工学报, 2018, 69(10):4139－4147.

[140] 马放, 冯旻, 李淑更, 等. 复合型微生物絮凝剂的絮凝作用[J]. 黑龙江科技学院学报, 2004, 14(3): 140－144.

[141] 李立欣, 邢洁, 马放, 等. 复合型生物絮凝剂对水源水浊度和色度的去除效能[J]. 黑龙江科技大学学报, 2016, 26(5):524－527,551.

[142] 李立欣, 马放, 刘彦军. 复合型生物絮凝剂处理低温低浊水[J]. 黑龙江科技学院学报, 2012(2): 107－110.

[143] LI L X, MA F, ZUO H M. Production of a novel bioflocculant and its flocculation performance in aluminum removal[J]. Bioengineered, 2016, 7(2): 98－105.

[144] 郭琇, 孙洪伟. 新型复合型生物絮凝剂的制备与应用研究[J]. 生物技术, 2010, 20(5): 85－87.

[145] 王琴, 王辉, 马放, 等. 复合型生物絮凝剂的应用研究[J]. 工业水处理, 2007, 27(4): 68－71.

[146] 张玉玲, 张兰英, 姚军, 等. 高效复合型微生物絮凝剂研究[J]. 哈尔滨工业大学学报, 2008, 40(9): 1481－1484.

[147] 郑丽娜. 复合型生物絮凝剂絮凝特性及絮体分形特征研究[D]. 哈尔滨: 哈尔滨工业大学, 2007.

[148] 王琴. 复合型生物絮凝剂的絮凝机理与生产工艺研究[D]. 哈尔滨：哈尔滨工业大学,2005.

[149] LI L X, HE Z M, SONG Z W, et al. A novel strategy for rapid formation of biofilm: polylactic acid mixed with bioflocculant modified carriers[J]. Journal of Cleaner Production, 2022, 374:1485 - 1495.

[150] 任敦建，宋汕柯，李红阳，等. 利用木薯淀粉酒精废水培养复合型生物絮凝产生菌条件优化及其应用研究[J]. 广东农业科学，2013，40(10)：97 - 100.

[151] PU S Y, QIN L L, CHE J P, et al. Preparation and application of a novel bioflocculant by two strains of *Rhizopus* sp. using potato starch wastewater as nutrilite[J]. Bioresource Technology, 2014, 162: 184 - 191.

[152] 杨艳超. 高分子多糖复合生物絮凝剂在选煤厂煤泥水处理中的应用[J]. 煤炭加工与综合利用，2015(3)：14 - 15,18.

[153] 靳慧霞，马放，孟路，等. 复合型微生物絮凝剂与化学絮凝剂的复配及其应用[J]. 化工进展，2006，25(1)：105 - 109.

[154] 杨永义，张颂. 低温低浊水源水处理方案及工艺设计[J]. 水利规划与设计，2013(3)：27 - 29.

[155] 李克. 强化絮凝处理低温低浊松花江水研究[J]. 能源环境保护，2014，28(6)：34 - 36.

[156] 路炜. 超声波强化臭氧氧化降解松花江水源水污染效能研究[D]. 哈尔滨：哈尔滨工业大学,2006.

[157] 龙国庆，梁咏梅，叶挺进，等. 复合絮凝剂的强化絮凝效果及絮体分形结构变化[J]. 中国给水排水，2010，26(19)：95 - 98.

[158] 王东升，刘海龙，晏明全，等. 强化混凝与优化混凝：必要性、研究进展和发展方向[J]. 环境科学学报，2006，26(4)：544 - 551.

[159] 张朝晖. 饮用水深度处理工艺的优化研究[D]. 南京：东南大学，2005.

[160] 杨弦. 生物强化活性滤池技术的优化研究[D]. 南京：东南大学，2006.

[161] 王艳. 城市生活污水处理技术现状及发展趋势[J]. 皮革制作与环保科

技，2022，3(10)：126 – 128.

[162] 陈燕飞. 污水处理中活性污泥法与生物膜法的比较分析[J]. 山西水利，2011(4):34 – 35,45.

[163] KLAUS S, MCLEE P, SCHULER A J, et al. Methods for increasing the rate of anammox attachment in a sidestream deammonification MBBR[J]. Water Science and Technology, 2016, 74(1):110 – 117.

[164] HARMSEN J, HARMSEN A M K, YANG L, et al. An update on Pseudomonas aeruginosa biofilm formation, tolerance, and dispersal[J]. Fems Immunology and Medical Microbiology, 2010, 59(3):253 – 268.

[165] THOMAS W E, NILSSON L M, FORERO M, et al. Shear – dependent "stick – and roll" adhesion of type 1 fimbriated *Escherichia coli*[J]. Molecular Microbiology, 2004, 53(5):1545 – 1557.

[166] DAVIDSON C A B, LOWE C R. Optimisation of polymeric surface pre – treatment to prevent bacterial biofilm formation for use in microfluidics[J]. Journal of Molecular Recognition, 2004, 17(3):180 – 185.

[167] ISTA L K, FAN H, BACA O, et al. Attachment of bacteria to model solid surfaces: oligo (ethylene glycol) surfaces inhibit bacterial attachment[J]. Fems Microbiology Letters, 1996, 142(1):59 – 63.

[168] HYDE F W, ALBERG M, SMITH K. Comparison of fluorinated polymers against stainless steel, glass and polypropylene in microbial biofilm adherence and removal[J]. Journal of Industrial Microbiology and Biotechnology, 1997, 19(2):142 – 149.

[169] HEISTAD A, SCOTT T, SKAARER A M, et al. Virus removal by unsaturated wastewater filtration: effects of biofilm accumulation and hydrophobicity [J]. Water Science and Technology, 2009, 60(2):399 – 407.

[170] CALDERÓN K, MARTÍN P J, JOSÉ M P, et al. Comparative analysis of the bacterial diversity in a lab – scale moving bed biofilm reactor (MBBR) applied to treat urban wastewater under different operational conditions[J].

Bioresource Technology, 2012, 121:119 – 126.

[171] 吴迪. 水处理用悬浮载体填料行业标准解读与投加量设计[J]. 中国给水排水, 2017, 33(16):13 – 17.

[172] 李致远, 范继泽, 刘鹰, 等. HRT 和温度对 BFB 净化海水养殖废水的启动影响[J]. 辽宁石油化工大学学报, 2020, 40(1):10 – 14.

[173] 许雯佳, 成小英. 水力停留时间对活性炭生物转盘处理污染河水的影响[J]. 环境科学, 2018, 39(1): 202 – 211.

[174] 张忠华, 汤兵, 赵一宁, 等. 移动床生物膜反应器的启动及影响因素的研究[J]. 水处理技术, 2012, 38(11):84 – 89.

[175] 朱燕. 移动床生物膜反应器在启动过程中生物膜性质基础研究[D]. 南京:南京大学, 2015.

[176] 李祥, 黄勇, 袁怡, 等. 不同泥源对厌氧氨氧化反应器启动的影响[J]. 环境工程学报, 2012, 6(7):2143 – 2148.

[177] 王永芳. 生物碳质填料制备及挂膜性能初步研究[D]. 重庆:重庆大学, 2010.

[178] 朱成辉, 李秀芬, 陈坚, 等. 好氧移动床生物膜反应器挂膜启动过程[J]. 食品与生物技术学报, 2005, 24(4):92 – 96.

[179] 王玲,李慧强. 移动床生物膜反应器启动研究进展[J]. 现代盐化工, 2018, 45(2):43 – 44.

[180] 海景, 温勇, 皮丕辉, 等. 营养缓释型生物填料的制备及在废水处理中的应用[J]. 中山大学学报(自然科学版), 2008, 47(1):68 – 72.

[181] 安燕, 程江, 杨卓如, 等. 微生物磁效应在废水处理中的应用[J]. 化工环保, 2006, 26(6):467 – 470.

[182] 戴松林, 罗晓虹, 黄奥彦, 等. 生物亲和亲水磁性填料在污水生物处理中的应用[J]. 环境污染与防治, 2009, 31(5):51 – 53.

[183] 周芬, 汪晓军. 新型混凝土改性亲水性填料的开发与应用[J]. 现代化工, 2011, 31(10):49 – 52,54.

[184] 陈月芳, 宋存义, 汪翠萍. 沸石复合填料生物流化床在污水处理中的试

验[J]. 中国环境科学, 2006, 26(4):432 - 435.

[185] GONG M T, YANG G Q, ZHUANG L, et al. Microbial biofilm formation and community structure on low - density polyethylene microparticles in lake water microcosms[J]. Environmental Pollution, 2019, 252:94 - 102.

[186] 朱贤平. 大分子改性剂的合成及其对 HDPE 的亲水改性研究[D]. 上海:华东理工大学, 2016.

[187] 翟昌休. 固相接枝法功能化改性聚丁烯 - 1 的研究[D]. 大庆:东北石油大学, 2019.

[188] 毕源, 季民, 尉家鑫, 等. 共价接枝蛋白分子改善聚苯乙烯生物填料表面性能[J]. 化工学报, 2006, 57(12):2914 - 2919.

[189] YAVUZ H, CELEBI S S. A typical application of magnetic field inwastewater treatment with fluidized bed biofilm reactor[J]. Chemical Engineering Communications, 2003, 190(5):599 - 609.

[190] TOMSKA A, WOLNY L. Enhancement of biological wastewater treatment by magnetic field exposure[J]. Desalination, 2008, 222(1 - 3):368 - 373.

[191] 郭磊, 成岳, 鲁莽, 等. 磁性多孔陶粒生物膜反应器处理垃圾渗滤液的试验研究[J]. 工业安全与环保, 2013, 39(8):3 - 7.

[192] YAO C, LEI H Y, YU Q, et al. Application of magnetic enhanced bio - effect on nitrification: a comparative study of magnetic and non - magnetic carriers[J]. Water Science and Technology, 2013, 67(6):1280 - 1287.

[193] 李淑更. 复合型微生物絮凝剂的开发及絮凝效果研究[D]. 哈尔滨: 哈尔滨工业大学, 2002.

[194] 吴丹. 高效生物絮凝剂产生菌的特性及发酵过程的优化[D]. 哈尔滨: 哈尔滨工业大学, 2012.

[195] 孟路, 杨基先, 马放, 等. 复合型生物絮凝剂去除低浊水源水中铝的研究[J]. 南京理工大学学报(自然科学版), 2009, 33(4): 543 - 547.

[196] 周健, 罗勇, 龙腾锐, 等. 胞外聚合物、Ca^{2+} 及 pH 值对生物絮凝作用的影响[J]. 中国环境科学, 2004, 24(4): 437 - 441.

[197] 何敏. PFC - PDM 复合处理剂制备及其絮凝絮体特性研究[D]. 成都:西南石油大学, 2015

[198] 白风荣, 吴鹏超, 刘进荣, 等. 聚合氯化铝铁(PAFC)絮凝剂的合成及性能研究[J]. 内蒙古农业大学学报(自然科学版), 2014, 35(6): 158 - 161.

[199] S C Z, Y Q Y, G B Y, et al. Synthesis and floc properties of polymeric ferric aluminum chloride - polydimethyl diallylammonium chloride coagulant in coagulating humic acid - kaolin synthetic water[J]. Chemical Engineering Journal, 2012, 185 - 186: 29 - 34.

[200] QUAN X G, WANG H Y. Preparation of a novel coal gangue - polyacrylamide Hybrid flocculant and Its flocculation performance[J]. Chinese Journal of Chemical Engineering, 2014, 22(9): 1055 - 1060.

[201] 刘达玉, 左勇. 山梨酸钾/柠檬酸对番茄汁保藏的影响[J]. 四川轻化工学院学报, 2003, 16(2): 31 - 34.

[202] 王捍东, 肖功年. 山梨酸及其盐在我国食品工业应用中存在的问题及建议[J]. 安徽农业科学, 2012, 40(26): 13102 - 13104.

[203] 石立三, 吴清平, 吴慧清, 等. 我国食品防腐剂应用状况及未来发展趋势[J]. 食品研究与开发, 2008, 29(3): 157 - 161.

[204] 陈建文, 厉华明, 周荣荣. 食品中对羟基苯甲酸酯类的应用现状与检测方法[J]. 中国酿造, 2008(8): 4 - 5.

[205] 杨寿清. 对羟基苯甲酸酯衍生物的理化性质及其在食品中的应用[J]. 冷饮与速冻食品工业, 2003, 9(3): 30 - 31.

[206] HUANG X, SUN S L, GAO B Y, et al. Coagulation behavior and floc properties of compound bioflocculant - polyaluminum chloride dual - coagulants and polymeric aluminum in low temperature surfacewater treatment[J]. Journal of Environmental Sciences, 2015, 30(4): 215 - 222.

[207] 李涛, 高伟. 利用正交法研究三种防腐剂对细菌的抑菌效应[J]. 陕西师范大学学报(自然科学版), 2007, 35: 27 - 30.

[208] 郭明红，叶天旭，李秀妹，等. Ferron 逐时络合比色法在 NFAC－PEM/AM 复合絮凝剂[Al＋Fe]形态分析中的应用[J]. 青岛科技大学学报(自然科学版)，2011，32(3)：256－260.

[209] 王文东，杨宏伟，蒋晶，等. 水温和 pH 值对饮用水中铝形态分布的影响[J]. 环境科学，2009，30(8)：2259－2262.

[210] 魏锦程. 聚合铁基无机－有机复合絮凝剂处理地表水的性能及机理研究[D]. 济南：山东大学，2008.

[211] 赫俊国，刘剑，何开帆，等. PAC 投加对絮体破碎后再絮凝特性和颗粒去除的影响[J]. 哈尔滨工业大学学报，2015，47(2)：13－18.

[212] 薄晓文. 微生物絮凝剂与铝盐絮凝剂复配在水和废水处理中的应用研究[D]. 济南：山东大学，2012.

[213] YU W，GREGORY J，CAMPOS L. The effect of additional coagulant on the re－growth of alum－kaolin flocs[J]. Separation and Purification Technology，2010，74(3)：305－309.

[214] WEI J C，GAO B Y，YUE Q Y，et al. Strength and regrowth properties of polyferric－polymer dual－coagulant flocs in surface water treatment[J]. Journal of Hazardous Materials，2010，175：949－954.

[215] BO X W，GAO B Y，PENG N N，et al. Coagulation performance and floc properties of compound bioflocculant－aluminum sulfate dual－coagulant in treating kaolin－humic acid solution[J]. Chemical Engineering Journal，2011，173(2)：400－406.

[216] BO X W，GAO B Y，PENG N N，et al. Effect of dosing sequence and solution pH on floc properties of the compound bioflocculant－aluminum sulfate dual－coagulant in kaolin－humic acid solution treatment[J]. Bioresource Technology，2012，113：89－96.

[217] ZHAO Y X，GAO B Y，SHON H K，et al. Anionic polymer compound bioflocculant as a coagulant aid with aluminum sulfate and titanium tetrachloride[J]. Bioresource Technology，2012，108：45－54.

[218] HUANG X, GAO B Y, YUE Q Y, et al. Effect of dosing sequence and raw water pH on coagulation performance and flocs properties using dual – coagulation of polyaluminum chloride and compound bioflocculant in low temperature surface watertreatment[J]. Chemical Engineering Journal, 2013, 229:477 –483.

[219] 张忠国, 栾兆坤, 赵颖, 等. 聚合氯化铝(PAC)混凝絮体的破碎与恢复[J]. 环境科学, 2007, 28(2): 346 –351.

[220] SHARP E L, JARVIS P, PARSONS S A. The impact of Zeta potential on the physical properties of ferric – NOM flocs[J]. Environmental Science amd Technology, 2006, 40(12): 3934 –3940.

[221] 俞文正, 杨艳玲, 卢伟, 等. 低温条件下絮体破碎再絮凝去除水中颗粒的研究[J]. 环境科学学报, 2009, 29(4): 791 –796.

[222] LEVY N, MAGDASSI S, BAR – OR Y. physico – chemical aspects in flocculation of bentonite suspensions by a cyanobacterial bioflocculant[J]. Water Research, 1992, 26(2): 249 –254.

[223] GONG W X, WANG S G, SUN X F, et al. Bioflocculant production by culture of Serratia ficaria and its application in wastewater treatment[J]. Bioresource Technology, 2008, 99(11): 4668 –4674.

[224] 贾新发. 饮用水消毒技术的应用与发展[J]. 山西建筑, 2013, 39(25): 119 –120.

[225] 桂学林, 梁闯. 饮用水消毒技术研究进展综述[J]. 能源与环境, 2011(4): 124 –125.

[226] 高孟春, 梁方圆, 杨丽娟, 等. PCR – DGGE 解析阴离子交换膜生物反应器反硝化过程中微生物群落结构变化[J]. 中国海洋大学学报(自然科学版), 2010, 40(4): 79 –84.

[227] 方治国, 孙培德, 钟晓, 等. 强化生物除磷系统微生物群落结构对水温变化响应的实验研究[J]. 环境科学学报, 2011, 31(5): 941 –947.

[228] 钦颖英. 给水生物预处理系统中微生物的群落结构分析[D]. 上海: 上

海交通大学, 2008.

[229] 李建政. 环境工程微生物学[M]. 北京: 化学工业出版社, 2004.

[230] 陈坚, 堵国成. 发酵工程原理与技术[M]. 北京: 化学工业出版社, 2012.

[231] 任南琪, 马放, 杨基先, 等. 污染控制微生物学[M]. 哈尔滨: 哈尔滨工业大学出版社, 2007.

[232] 高大文, 李昕芯, 安瑞, 等. 不同 DO 下 MBR 内微生物群落结构与运行效果关系[J]. 中国环境科学, 2010, 30(2): 209 - 215.

[233] ABIT S M, BOLSTER C H, CAI P. et al. Influence of feedstock and pyrolysis temperature of biochar amendments on transport of Escherichia coli in saturated and unsaturated soil [J]. Environmental Science and Technology, 2012, 46(15):8097 - 8105.

[234] SIMPSON D R. Biofilm processes in biologically active carbon water purification[J]. Water Research, 2008, 42(12):2839 - 2848.

[235] WEAKLEY A T, TAKAHAMA S, DILLNER A M. Ambient aerosol composition by infrared spectroscopy and partial least - squares in the chemical speciation network: organic carbon with functional group identification[J]. Aerosol Science and Technology, 2016, 50(10):1096 - 1114.

[236] DUARTE R M B O, SANTOS E B H, PIO C A, et al. Comparison of structural features of water - soluble organic matter from atmospheric aerosols with those of aquatic humic substances[J]. Atmospheric Environment, 2007, 41 (37):8100 - 8113.

[237] HAY M B, MYNENI S C B. Structural environments of carboxyl groups in natural organic molecules from terrestrial systems[J]. Geochimica et Cosmochimica Acta, 2007, 71(14):3518 - 3532.

[238] FRY J L, DRAPER D C, ZARZANA K J, et al. Observations of gas - and aerosol - phase organic nitrates at BEACHON - RoMBAS 2011 [J]. Atmospheric Chemistry and physics, 2013, 13(1):1979 - 2034.

[239] GRABER E R, RUDICH Y. Atmospheric HULIS: How humic – like are they? A comprehensive and critical review[J]. Atmospheric Chemistry and physics, 2006, 6(3):729 –753.

[240] 高银，张林，李泽甫，等. 低密度 Cu 掺杂 SiO_2 复合气凝胶的制备及表征[J]. 强激光与粒子束，2014，26(1):114 –117.

[241] BRANT J A, CHILDRESS A E. Assessing short – range membrane – colloid interactions[J]. Journal of Membrane Science, 2002 (1 – 2), 203: 257 –273.

[242] GREIVELDINGER M, SHANAHAN M E R. A critique of the mathematical coherence of acid/base interfacial free energy[J]. Journal of Colloid and Interface Science, 1999, 215(1):170 –178.

[243] LIU X M, SHENG G P, YU H Q. Dlvo approach to the flocculability of a photosynthetic H_2 – producing bacterium, *Rhodopseudomonas acidophila*[J]. Environmental Science and Technology, 2007, 41(13):4620 –4625.

[244] OSS C J V. Interfacial forces in aqueous media[M]. Boca Raton: CRC Press, 1994.

[245] LIMA M R, FERREIRA G F, NUNES NETO W R, et al. Evaluation of the interaction between polymyxin B and *Pseudomonas aeruginosa* biofilm and planktonic cells: reactive oxygen species induction and zeta potential[J]. BMC Microbiol, 2019, 19(1):115.

[246] SWV S H. Polymer Interface and Adhesion[M]. Boca Raton: CRC Press, 2017.

[247] LI D C, JIANG Y, LV S S, et al. Preparation of plasticized poly (lactic acid) and its influence on the properties of composite materials[J]. Plos One, 2018, 13(3):1 –15.

[248] XU T W, FU R Q, YAN L F. A new insight into the adsorption of bovine serum albumin onto porous polyethylene membrane by zeta potential measurements, FTIR analyses, and AFM observations[J]. Journal of Colloid and In-

terface Science, 2003, 262(2):342 - 350.

[249] ZAMBAUX M F, BONNEAUX F, GREF R, et al. Influence of experimental parameters on the characteristics of poly(lactic acid) nanoparticles prepared by a double emulsion method[J]. Journal of Controlled Release, 1998, 50(1 - 3):31 - 40.

[250] 马青兰，王增长，李敏敏，等. 活性炭净化废水处理研究[J]. 新型炭材料, 2002, 17(1):59 - 61.

[251] BRYERS J D, CHARACKLIS W G. Processes governing primary biofilm formation[J]. Biotechnology and Bioengineering, 1982, 24(11):2451 - 2476.

[252] COSTERTON J W. Introduction to biofilm[J]. International Journal of Antimicrobial Agents, 1999, 11(3 - 4):217 - 221.

[253] STEWART P S, FRANKLIN M J. physiological heterogeneity in biofilms [J]. Nature Reviews Microbiology, 2008, 6(3):199 - 210.

[254] HELLWEGER F L, BUCCI V. A bunch of tiny individuals—Individual - based modeling for microbes[J]. Ecological Modelling, 2008, 220(1): 8 - 22.

[255] XAVIER J B, DE KREUK M K, PICIOREANU C, et al. Multi - scale individual - based model of microbial and bioconversion dynamics in aerobic granular sludge[J]. Environmental Science and Technology, 2007, 41(18): 6410 - 6417.

[256] KREFT J U, WIMPEENY J W. Effect of EPS on biofilm structure and function as revealed by an individual - based model of biofilm growth[J]. Water Science and Technology, 2001, 43(6):135 - 141.

[257] ALPKVIST E, PICIOREANU C, VAN LOOSDRECHT M C M, et al. Three - dimensional biofilm model with individual cells and continuum EPS matrix[J]. Biotechnology and Bioengineering, 2006, 94(5):961 - 979.

[258] XAVIER J B, PICIOREANU C, VAN LOOSDRECHT M C M. A framework for multidimensional modelling of activity and structure of multispecies bio-

films[J]. Environmental Microbiology, 2005, 7(8):1085 -1103.

[259] PICIOREANU C, KREFT J U, VAN LOOSDRECHT M C M. Particle - based multidimensional multispecies biofilm model[J]. Applied and Environmental Microbiology, 2004, 70(5):3024 -3040.

[260] LARDON L A, MERKEY B V, MARTINS S. et al. iDynoMiCS: next-generation individual - based modelling of biofilms[J]. Environmental Microbiology, 2011, 13(9):2416 -2434.

[261] WANNER O EBERL H, MORGENROTH E, et al. Mathematical modeling of biofilms[M]. London:IWA Pub, 2006.

[262] REICHERT P. AQUASIM - A tool for simulation and data analysis of aquatic systems[J]. Water Science and Technology, 1994, 30(2):21 -30.

[263] TABER W A. Wastewater microbiology[J]. Annual Review of Microbiology, 1976, 30:263 -277.

[264] SZABÓ Z, SZOBOSZLAI N, ÉVA J, et al. Determination of four dipyrone metabolites in Hungarian municipal wastewater by liquid chromatography mass spectrometry[J]. Microchemical Journal, 2013, 107:152 -157.

[265] LEE S H, HONG T I, KIM B, et al. Comparison of bacterial communities of biofilms formed on different membrane surfaces[J]. World Journal of Microbiology and Biotechnology, 2014, 30:777 -782.

[266] 彭莹莹. 洞庭湖水质综合评价研究[D]. 长沙：湖南师范大学,2016.

[267] 潘峰，付强，梁川. 基于层次分析法的模糊综合评价在水环境质量评价中的应用[J]. 东北水利水电，2003，21(8):22 -24.

[268] 张强. 基于 PCA - AHP 降维组合赋权模型的河流水质综合评价[D]. 保定：河北大学，2020.

[269] 程佩瑄. 基于 TOPSIS 法的水环境质量评价研究:以黄河兰州段为例[D]. 兰州：兰州大学，2014.

[270] EGLE L, RECHBERGER H, ZESSNER M. Overview and description of technologies for recovering phosphorus from municipal wastewater[J]. Re-

sources, Conservation and Recycling, 2015, 105:325 - 346.

[271] STEFAN W, HARALD H, DIETMAR C H. Influence of growth conditions on biofilm development and mass transfer at the bulk/biofilm interface[J]. Water Research, 2002, 36(19):4775 - 4784.

[272] WAGNER M, TAHERZADEH D, HAISCH C, et al. Investigation of the mesoscale structure and volumetric features of biofilms using optical coherence tomography[J]. Biotechnology and Bioengineering, 2010, 107(5):844 - 853.

[273] MORGENROTH E, MILFERSTEDT K. Biofilm engineering: linking biofilm development at different length and time scales[J]. Reviews in Environmental Science and Biotechnology, 2009, 8(3):203 - 208.

[274] MARTIN K J, BOLSTER D T, DERLON N, et al. Effect of fouling layer spatial distribution on permeate flux: A theoretical and experimental study [J]. Journal of Membrane Science, 2014, 471:130 - 137.

[275] 杨改强，霍丽娟，丁庆伟，等. 时域有限差分法模拟微生物生长曲线[J]. 太原科技大学学报, 2009, 30(4):355 - 358.

[276] 张胜华. 水处理微生物学[M]. 北京：化学工业出版社, 2005.

[277] 邱珊. 陶粒性能指标评价体系建立及净水效能研究[D]. 哈尔滨:哈尔滨工业大学, 2006.

[278] 何淑英，何志强，冉飞亚，等. 处理城市景观河水的浸没式生物滤床挂膜启动研究[J]. 中国给水排水, 2010, 26(5):21 - 25.

[279] 董蓓，郑洁，闻逸铮，等. 滤料对生物滤池启动及污水处理的影响[J]. 环境科学与技术, 2021, 44:238 - 245.

[280] 韩文杰，周家中，刘妍，等. 纯膜 MBBR 工艺处理微污染水的工程启动研究[J]. 中国给水排水, 2022,38(7):19 - 27.

[281] 田伟君，郝芳华，王超，等. 仿生填料在河道内直接布设挂膜的试验研究[J]. 中国给水排水, 2007, 23(3):81 - 83.

[282] 黄可谈，朱亮，李国平，等. 模拟河道生物反应器原位修复受污染水源

水研究[J]. 北京师范大学学报(自然科学版), 2009, 45(3):295 - 300.

[283] XIAN H J, LU X W, ZHANG D, et al. Start - up process of biological activated carbon filter[J]. Chinese Journal of Applied Environmental Biology, 2012, 18(4):642 - 646.

[284] 魏延苓, 兰伟伟, 尹训飞, 等. 移动床生物膜反应器中微生物呼吸对氧传质的影响[J]. 中国给排排水, 2016, 32(3):6 - 10.

[285] 周晓杰. 新型序批式生物膜反应器(SBBR)充氧性能及挂膜试验研究[D]. 郑州: 郑州大学, 2013.

[286] 张清宇. 不同表面改性方法强化聚氨酯载体生物挂膜及除污染性能的试验研究[D]. 西安: 西安建筑科技大学, 2021.

[287] 王玉. 悬浮填料对城市污水 A^2/O 工艺硝化过程强化研究[D]. 西安: 西安建筑科技大学, 2016.

[288] 高始涛. 新型悬浮填料生物膜反应器性能研究[D]. 北京: 北京建筑工程学院, 2012.

[289] 许青青, 戴盛, 朱永林. 镇江市金山水厂炭滤池生物性能的研究[J]. 中国给水排水, 2017, 33(17):50 - 54.

[290] 胡小兵, 林睿, 张琳, 等. 载体内微孔孔径对生物膜特性及废水处理效果的影响[J]. 环境工程学报, 2020, 14(12):3329 - 3338.

[291] ZHANG Z J, DENG Y, FENG K, et al. Deterministic assembly and diversity gradient altered the biofilm community performances of bioreactors[J]. Environmental Science and Technology, 2019, 53(3):1315 - 1324.

[292] ZHANG, B, NING D L, YANG Y F, et al. Biodegradability of wastewater determines microbial assembly mechanisms in full - scale wastewater treatment plants[J]. Water Research, 2020, 169:115276.

[293] DONG H H, WANG W, SONG Z Z, et al. A high - efficiency denitrification bioreactor for the treatment of acrylonitrile wastewater using waterborne polyurethane immobilized activated sludge[J]. Bioresource Technology, 2017, 239(1):472 - 481.

[294] WU W Z, YANG F F, YANG L H. Biological denitrification with a novel biodegradable polymer as carbon source and biofilm carrier[J]. Bioresource Technology, 2012, 118:136 – 140.

[295] MOREIRA L M, DE SOUZA R F, ALMEIDA N F, et al. Comparative genomics analyses of citrus – associated bacteria[J]. Annual Review of Phytopathology, 2004, 42(1):163 – 184.

[296] OGATA E M, BAKER M A, ROSI E J, et al. Nutrients and pharmaceuticals structure bacterial core communities in urban and montane stream biofilms [J]. Frontiers in Microbiology, 2020, 11.

[297] ALBERTSEN M, HUGENHOLTZ P, SKARSHEWSKI A, et al. Genome sequences of rare, uncultured bacteria obtained by differential coverage binning of multiple metagenomes [J]. Nature Biotechnology, 2013, 31 (6): 533 – 538.

[298] DOW J M, CROSSMAN L, FINDLAY K, et al. Biofilm dispersal in Xanthomonas campestris is controlled by cell – cell signaling and is required for full virulence to plants[J]. Proceedings of the National Academy of Sciences of the United States of America, 2003, 100(19):10995 – 11000.

[299] UEDA S, SANEKA H. Characterization of the ability to form biofilms by plant – associated pseudomonas species[J]. Current Microbiology, 2015, 70 (4):506 – 513.

[300] 刘雪梅，蒋剑春，孙康. 活性炭孔径调控技术研究进展[J]. 安徽农业科学，2011，39(7):3818 – 3820,3847.

[301] ANSÓN A, JAGIELLO J, PARRA J B, et al. Porosity, surface area, surface energy, and hydrogen adsorption in nanostructured carbons[J]. The Journal of physical Chemistry B, 2004, 108(40):15820 – 15826.

[302] 刘成，杨瑾涛，李聪聪，等. 生物活性炭在应用过程中的变化规律及其失效判定探讨[J]. 给水排水，2019，45(2): 9 – 16,21.

[303] HORI K, MATSUMOTO S. Bacterial adhesion: From mechanism to control

[J]. Biochemical Engineering Journal, 2010, 48(3): 424 -434.

[304] LIU Y Q, LIU Y, TAY J H. The effects of extracellular polymeric substances on the formation and stability of biogranules[J]. Applied Microbiology and Biotechnology, 2004, 65(2):143 -148.

[305] L I C, WANG C F, YANG G L. Progress in intestinal adhension and immunoregulatory effect of extracellular polysaccharides of lactic acid bacteria[J]. Food Science, 2014, 35(11):314 -318.

[306] 靳彩娟. 高粘附性乳酸菌的筛选、鉴定及其表面疏水特性研究[D]. 扬州: 扬州大学, 2013.

[307] 佘银, 罗芳, 高婉茹, 等. 乳酸菌粘附特性的研究新进展[J]. 食品研究与开发, 2018, 39(4):218 -224.

[308] MOON R J, MARTINI A, NAIRN J, et al. Cellulose nanomaterials review: structure, properties and nanocomposites[J]. Chemical Society Reviews, 2011, 40(7):3941 -3994.

[309] 孙茜, 李伟, 孙康. 组织工程用纤维增强天然多糖水凝胶的进展[J]. 现代生物医学进展, 2020, 20(2):391 -396.

[310] TCHOBANIAN A, OOSTERWYCK H V, FARDIM P. Polysaccharides for tissue engineering: Current landscape and future prospects[J]. Carbohydrate Polymers, 2018, 205:601 -625.

[311] WU T F, FARNOOD R, O'KELLY K, et al. Mechanical behavior of transparent nanofibrillar cellulose - chitosan nanocomposite films in dry and wet conditions[J]. Journal of the Mechanical Behavior of Biomedical Materials, 2014, 32:279 -286.

[312] 孔维甲, 杨向往,刘章. 乳酸菌肠道表面的粘附机制与生物效应[J]. 饲料与畜牧:新饲料, 2014(7):58 -61.

[313] KISHAN A P, ROBBINS A B, MOHIUDDIN S F, et al. Fabrication of macromolecular gradients in aligned fiber scaffolds using a combination of in-line blending and air - gap electrospinning[J]. Acta Biomaterialia, 2017, 56:

118 – 128.

[314] MING J F, ZUO B Q. A novel silk fibroin/sodium alginate hybrid scaffolds [J]. Polymer Engineering and Science, 2013, 54(1):129 – 136.